PERFECT PET OWNER'S GUIDES

飼育管理の基本、生態、接し方、病気がよくわかる

フクロモモンガ
完全飼育

著 ——— 大野瑞絵
監修 ——— 三輪恭嗣 みわエキゾチック動物病院院長
写真 ——— 井川俊彦

SEIBUNDO SHINKOSHA

目次

はじめに……010

Chapter 1 フクロモモンガってどんな動物? 011

フクロモモンガとは……012
- フクロモモンガは有袋類……012
- 有袋類の仲間たち……014
- 滑空する仲間たち……017

フクロモモンガを理解しよう……021
- フクロモモンガを理解するには……021
- フクロモモンガの野生での暮らし方……022
- フクロモモンガの体のしくみ……024

- フクロモモンガのボディランゲージと鳴き声……029
- フクロモモンガのカラーバリエーション……032

わが家のフクロモモンガ【ここが好き! 編】……036

Chapter 2 フクロモモンガを迎える 037

フクロモモンガを迎える前に……038
- かわいい愛しい癒やしの存在……038
- 生き物を迎える責任をもって……038
- ここが大変、フクロモモンガ……039
- フクモモ暮らしの必需品……040
- 「○○」だけど飼えますか?……042

フクロモモンガを迎える方法……044
- フクロモモンガをどこから迎える?……044
- どんなフクロモモンガを迎える?……045

フクロモモンガと法律……048
- 動物愛護管理法……048
- 外来生物法……050
- ワシントン条約……051
- 動物の輸入届出制度(感染症法)……051

わが家のフクロモモンガ【ここが困った! 編】……052

Chapter 3　フクロモンガの住まい　053

どんな住まいが必要？……054
快適で安全な住まい作りを……054
ケージ……055
生活用品……058

ケージのセッティング……066

ケージの置き場所……067

わが家の工夫【住まい編】……068

Chapter4　フクロモンガの食事　073

フクロモンガの食事を考えよう……074
野生では何を食べているの？……074
フクロモンガに必要な栄養……074
フクロモンガの基本の食事……076
フクロモンガの主食：ペレット……078
フクロモンガの副食……082

食生活のプラスアルファ……090
飲み水……090
おやつについて考える……091
食べ物の保存……091
新しい食べ物を与えるとき……091
サプリメント……092
与え方の工夫いろいろ……092
与えてはいけないもの……094

わが家の工夫【食事メニュー編】❶……076
【食事メニュー編】❷……090
【食事メニュー編】❸……095

Chapter5 フクロモモンガの毎日の世話　　101

基本的な日々の世話……102
世話をするのは楽しいこと……102
毎日やること……102
ときどきやること……104
におい対策のポイント……105
寒さ対策……107
暑さ対策……107
温度と湿度の注意点……108

そのほかの世話……109
フクロモモンガとグルーミング……109
留守番のさせ方……110
外への連れて行き方……111

フクロモモンガの多頭飼育……112
野生では群れで暮らす動物……112
多頭飼育の注意点……113
多頭飼育の手順……114

フクロモモンガと防災……116
フクロモモンガを守るために……116
フクロモモンガの防災対策……116

フクモモ写真館 Part 1……118

Chapter6 フクロモモンガとのコミュニケーション　　119

迎えてからの接し方……120
フクロモモンガを迎える準備……120
フクロモモンガを迎える……121

フクロモモンガと仲良くなるには……123
慣らすことの必要性……123
慣らすにあたっての心がまえ……123
慣らしていく手順……124
フクロモモンガの持ち方……127
フクロモモンガと折り合いをつけて暮らす……128

フクロモモンガとの遊び……130
遊びの必要性……130
退屈させないひとり遊びの環境……131
一緒に遊ぼう……132

室内の注意点……134
わが家の工夫【コミュニケーション編】❶……129
　　　　　　【コミュニケーション編】❷……133
　　　　　　【手作り編】……136

フクモモ写真館 Part 2……138

Chapter7　フクロモモンガの繁殖　　139

繁殖の前に……140
繁殖にあたっての心がまえ……140
フクロモモンガの繁殖生理……142

繁殖の方法……144
繁殖の手順と注意点……144
繁殖にまつわるトラブル……148

わが家の工夫【人工哺育編】……149

フクモモ写真館 Part 3……150

Chapter8　フクロモモンガの健康と病気　　151

フクロモモンガを健康に飼うコツ……152
なによりフクロモモンガを理解すること……152
健康な暮らしのための10ヶ条……152

健康チェックのポイント……154
健康チェックでSOSをキャッチして……154
日々の世話に健康チェックを取り入れて……154
健康日記をつけよう……155
チェックポイント……155

フクロモモンガと動物病院……158
早いうちに始めたい動物病院探し……158

フクロモモンガに多い病気……160
フクロモモンガと病気……160
病気になる前に知っておきたいこと……160
自咬症……160
ペニス脱……164
代謝性骨疾患・低カルシウム血症……165
栄養性の病気……167
下痢をともなう病気……169
便秘……171

角膜炎・角膜潰瘍……172
白内障……173
歯の病気……174
皮膚の病気……174
細菌性肺炎……176
外傷……177

共通感染症と予防……179
共通感染症とは……179
感染を防ぐには……180

フクロモモンガの応急手当……181
爪からの出血・深爪……181
熱中症……181
ケガ……182
低体温……182
ペニス脱……183

フクロモモンガの介護と看護……184
高齢フクロモモンガとの暮らし……184
フクロモモンガの看護……186

コラム【お別れのとき】……188

参考文献……189　　写真提供・撮影・取材ご協力者……191

はずかしがりやなんだよね

sugar

フクロが大好き

でも……

G lider

ちょっと出てみようかな

はじめに

INTRODUCTION

　くりくりとした大きな瞳がたまらなくかわいいフクロモモンガ。近年、人気を集めているエキゾチックペットです。滑空したり、お腹に袋があったりと、不思議で興味深いところがたくさんあるだけでなく、なんといってもとてもよく慣れてくれる愛情深い個体が多いのも魅力のひとつです。だからこそ、彼らのことをよく知って、ずっと愛し続けてほしいなと思います。

　この書籍では、そんなフクロモモンガを心身ともに健康に飼育するための方法を、三輪恭嗣先生のご監修をいただきながらご紹介しています。また、多くの飼い主の皆さんにご協力していただき、フクロモモンガとの暮らしを豊かにする情報をご提供することができました。そして、こうして一冊の本になるまでには、多くの制作スタッフが携わっています。
　すべての皆さまに心より感謝申し上げます。

　この本がたくさんのフクロモモンガとその家族である飼い主さんたちの幸せをお手伝いできることを願っています。

2019年1月　大野瑞絵

PERFECT PET OWNER'S GUIDES

Chapter 1

フクロモモンガって
どんな動物？

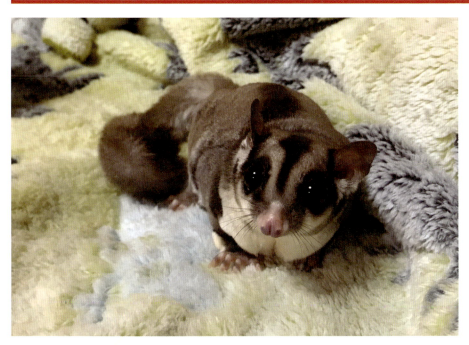

フクロモンガとは

Chapter 1 フクロモモンガってどんな動物?

フクロモモンガは有袋類

フクロモモンガは「有袋類」の仲間です。有袋類というのは正式な動物の分類名ではなく、お腹にある袋で子育てをする動物の仲間を総称した呼び名です。カンガルーやコアラなどがよく知られています。

有袋類は、アメリカ大陸、オーストラリアやニュージーランド、ニューギニア島など世界のうち限られた地域に生息しています。かつてはアジアにもいたことが化石からわかっていますが、現在はアジアやヨーロッパ、アフリカには生息していません。

フクロモモンガが生息しているのは、ニューギニア、オーストラリアの北東部、タスマニア島の森林です。

フクロモモンガの分類

すべての生物は、外見上の特徴や進化の系統、近年ではDNA配列などによって分類されています。

以前は有袋類は「有袋目」という名称でまとめて分類されていましたが、現在ではさまざまな特徴によってより細かく分類され、アメリカにいる「アメリカ有袋大目」とオーストラリアなどにいる「オーストラリア有袋大目」に大きく分かれています。

私たちがペットとして飼育しているフクロモモンガは、オーストラリア有袋大目のうち双前歯目—フクロモモンガ上科—フクロモモンガ科—フクロモモンガ属という分類上の位置づけになります。フクロモモンガ属には、パプアフクロモモンガ、オオフクロモモンガ、ビ

【フクロモモンガの分類】

```
哺乳綱
├単孔類 — カモノハシ、ハリモグラ
├真獣類 — ヒト、イヌ、ネコ、ウサギその他(単孔類と有袋類以外すべて)
└有袋類
  ├アメリカ有袋大目
  │ └ディデルフィス目(オポッサム目) — オポッサムなど
  └オーストラリア有袋大目
    ├ダシウルス形目(フクロネコ目) — フクロネコ、タスマニアデビルなど
    ├ペラメレス形目(バンディクート目) — ミミナガバンディクートなど
    └双前歯目
      ├コアラ上科 — コアラ科 — コアラ
      ├ウォンバット上科 — ウォンバット科 — ウォンバットなど
      ├クスクス上科 — クスクス科 — クスクス、フクロギツネなど
      ├フクロモモンガ上科
      │ ├フクロモモンガ科
      │ │ └フクロモモンガ属
      │ │   ├パプアフクロモモンガ
      │ │   ├オオフクロモモンガ
      │ │   ├ビアクフクロモモンガ
      │ │   ├**フクロモモンガ**
      │ │   ├マホガニーフクロモモンガ
      │ │   └オブトフクロモモンガ
      │ └チビフクロモモンガ科 — チビフクロモモンガ
      └カンガルー形上科 — カンガルー科 — オオカンガルー、アカカンガルー、クアッカワラビー、ダマヤブワラビーなど
```

(注)有袋類の分類のうち一部を抜粋しています

アクフクロモンガ、フクロモモンガ、マホガニーフクロモモンガ、オブトフクロモモンガという6種のフクロモモンガの仲間がいます。ちなみに「双前歯目」は、この分類に属する典型的な形態が、下顎の切歯が2本であるという特徴からきている名称です(フクロモモンガの下顎切歯は4本)。

動物の種類によっては「種」がより細かく「亜種」に分かれているものもいます。フクロモモンガには7つの亜種があります。

また、フクロモモンガの「リューシスティック」や「クリミノ」などはカラーバリエーション名です。

哺乳類の3つの子育てタイプ

フクロモモンガは「哺乳綱(哺乳類のこと)」という大きなくくりでは私たち人間と同じ仲間です。哺乳類は、子どもの生み方や育て方によって単孔類、有袋類、真獣類という3つに分かれます。

いずれも子どもに母乳を与えて育てるのですが、カモノハシやハリモグラなどの単孔類は子どもを卵で生みます。

有袋類はヒトと同じようにお腹の中に子どもができますが、胎盤がないか機能が不十分なので、お腹の中では十分に育てられません。そのため早々に出産し、子どもはお腹の外にある袋に移動し、そこにある乳首をくわえて母乳を飲んで育ちます。最大サイズのカンガルーであるアカカンガルーは大人のオスで最大90kgくらいになりますが、生まれたときの重さはたった0.75gです。

単孔類と有袋類以外の哺乳類は真獣類で、子どもがある程度発育するまではお腹の中で育てます。母体と子どもは胎盤とへその緒でつながり、そこから子どもは栄養を摂取し、生まれたあとは母乳を飲んで育ちます。

フクロモモンガのいろいろな名前

動物には一種ずつに、属名と種名(種小名)で構成されたラテン語の「学名」がついています。学名は世界共通なので、どこの国の人とでも、学名を使えば同じ動物のことだとわかります。フクロモモンガの学名は「*Petaurus breviceps*」といいます。属名のPetaurusは「綱渡り師」、種小名のbrevicepsは「短頭の」という意味です。

英語では、蜜や樹液などの甘いものを食べ、グライダーのように滑空するところから、「Sugar glider」といいます。日本語の「フクロモモンガ」はげっ歯目のモモンガに似ている有袋類ということです。ちなみに中国語だと「蜜袋鼯」です。

【有袋類の生息地】

有袋類の仲間たち

お腹の袋で子育てをするという共通点のある有袋類ですが、外見や生態にはさまざまな違いがあります。大きさでは体重90kgにもなるアカカンガルーからチビフクロモンガやフクロミツスイのように10gほどしかないものまで幅があります。

オオカンガルー

【英名】Eastern gray kangaroo
【学名】*Macropus giganteus*

オーストラリア東部の開けた森林地帯や草原に生息。さまざまな草を食べる。雌雄で外見が大きく異なる「性的二型」で、オスがメスの2〜3倍の体重がある。繁殖シーズンは春から初夏。子どもは11ヶ月ほど袋のなかで過ごす。優位なオス1匹、メス2〜3匹とその子どもたち、オス2〜3匹くらいの小さな群れを作る。体重3.5〜90kg、体長1.5〜1.8m。

撮影協力：埼玉県こども動物自然公園

クアッカワラビー

【英名】Quokka
【学名】*Setonix brachyurus*

西オーストラリア州の南西部に生息。本島では減少しているが、天敵のいないロッドネスト島やボールド島に多い。湿地帯を好む。多肉植物や低木、草などを食べる。笑っているかのように見える表情から「世界一幸福な動物」とも呼ばれ、観光客の人気を集めている。体重1.6〜4.2kg、体長40〜90cm。IUCNレッドリストではVU（危急種）。

© Marty R Hall/Shutterstock.com

コアラ

【英名】Koala
【学名】*Phascolarctos cinereus*

オーストラリアの東部に生息。主にユーカリの葉を食べるが、栄養価が低いのでエネルギーを節約するために動きが緩慢で、一日のうち長いと18時間は眠っている。ユーカリの葉には毒性があるが、肝臓で解毒することができる。オスは胸ににおいつけをする胸腺をもつ。体重5.1〜11.8kg。体長オス78cm、メス72cm（南部の種）。IUCNレッドリストではVU（危急種）。

撮影協力：埼玉県こども動物自然公園

ヒメウォンバット

【英名】Coarse-haired wombat
【学名】*Vombatus ursinus*

　オーストラリア南東端の温帯林やヒース地帯に生息。地下に複雑なトンネルを掘って暮らす。穴掘りに適した丈夫な前足と鋭い鉤爪をもつ。硬い植物を食べるため、ウサギやげっ歯目のように歯が生涯にわたって伸び続ける。同属のケバナウォンバットの被毛は絹状で柔らかだがこの種の被毛は密だが粗い。体重20〜35kg、体長70〜110cm。

写真提供：五月山動物園

フクロギツネ

【英名】Silver-gray brushtail possum
【学名】*Trichosurus vulpecula*

　オーストラリアとタスマニア島に広く生息。ニュージーランドにも移入。森林地帯に住むが、住宅地でも見られる。ユーカリの花や葉をはじめさまざまな植物を食べる植物食だが、昆虫なども食べる。亜種によって毛色が異なり、灰色、赤っぽいもの、黒っぽいものがいる。体重1.2〜4.5kg、体長32〜58cm。

フクロシマリス

【英名】Striped possum
【学名】*Dactylopsila trivirgata*

　ニューギニア島と、オーストラリアのクイーンズランド州北東部のごく一部に生息。樹上性で、熱帯雨林とその周辺の森林地帯に生息。夜行性。昆虫食で、アリやシロアリなどを主に食べる。げっ歯目のシマリスより体はかなり大きく、体重246〜569ｇ、体長25.6〜27.0cm。

撮影協力：埼玉県こども動物自然公園

タスマニアデビル

【英名】Tasmanian devil
【学名】*Sarcophilus harrisii*

　タスマニア島に生息。フクロオオカミが絶滅してからは有袋類のうち最大サイズの肉食獣。頭部は大きく顎の筋肉は強力。ウォンバットやワラビーなどの死肉をよく食べる。近年、デビル顔面腫瘍病という感染性の腫瘍が蔓延し、頭数が激減。タスマニア州政府の保護下にある。体重4〜12kg、体長52.5〜80cm。IUCNレッドリストではEN（絶滅危惧種）。

ハイイロジネズミオポッサム

【英名】Gray short-tailed opossum
【学名】*Monodelphis domestica*

　ブラジル、ボリビア、アルゼンチン、パラグアイの森林や草地に生息。雑食性で、無脊椎動物や昆虫や果物、げっ歯目のような小動物も食べる。産子数は1〜15匹で平均9匹。メスは、はっきりした育児嚢（袋）はもたない（下記を参照）。体重90〜155g、体長10〜15cm。

© Michal Pesata/Shutterstock.com

写真提供：埼玉県こども動物自然公園

有袋類のさまざまな袋のタイプ

　有袋類というとお腹の袋（育児嚢）が特徴的ですが、実はそのタイプはさまざまです。育児嚢がなかったり子育てをする時期になると皮膚がたるんで袋状になるタイプは、産子数が多かったり、巣で子育てをする種類です。乳腺のまわりをしっかりと覆う袋をもつタイプでも、袋の入り口が向く位置は前や後ろなどさまざまです。

乳頭（母乳が乳腺からしみ出るもの）があらわで、繁殖期には周りの皮膚が盛り上がる。オポッサムの一部。	乳頭の周りは部分的に三日月形の皮膚のひだで囲われていて、頭部方向に深い。オポッサムなど。	乳頭は輪形になった皮膚のひだで囲われていて、中央に開口。巾着のような形。フクロモモンガなど。	乳頭は三日月形の皮膚のひだで覆われて、頭部方向に深い。オポッサム、バンディクートなど。	乳頭は皮膚に包み込まれて、頭部方向に開口。ポケットのような形をしている。カンガルー。	乳頭は皮膚に包み込まれて、お尻方向に開口。逆さまのポケットのような形。ウォンバット、コアラ。

滑空する仲間たち

フクロモモンガは木から木へと移動するとき、飛膜を広げて滑空します。このように、長い距離を移動するときに滑空するという方法をとる動物は、哺乳類に限らず存在します。

東京都御岳山の山頂で見られる野生のムササビはげっ歯目。

タイリクモモンガ
げっ歯目リス科モモンガ属
【英名】Siberian flying squirrel
【学名】*Pteromys volans*

ユーラシア大陸北部に生息。植物食で、草の葉や種子、木の実などを食べる。20～30mを滑空する。北海道にいるエゾモモンガはタイリクモモンガの亜種で北海道固有種。タイリクモモンガは、以前はペットとして飼われていたが現在は特定外来生物に指定され、飼育することはできない。体重130g、体長12～22.8cm。

撮影協力：上野動物園

アメリカモモンガ
げっ歯目リス科アメリカモモンガ属
【英名】Southern flying squirrel
【学名】*Glaucomys volans*

アメリカ東部、カナダ、メキシコの森林に生息。雑食性で昆虫や木の実などを食べる。リスの仲間のなかでは最も肉食傾向が強い。2～3月、5～7月に繁殖シーズンがあり、平均4匹の子を生む。最大28m、たいていの場合は6～9mの距離を滑空する。体重38～90g、体長20～28.5cm。

ボクは有袋類のフクロモモンガ！

ホオジロムササビ

げっ歯目リス科ムササビ属
【英名】Japanese giant flying squirrel
【学名】*Petaurista leucogenys*

　日本の本州、九州、四国の森林や丘陵地帯に生息。神社やお寺の周囲で見られることもよくある。日本固有種。木の葉や芽、種子、果実などを食べる。50mほどの距離を滑空するが、160mという記録もある。一晩で111〜620m移動しながら採食する。体重1〜1.3kg、体長30.5〜58.5cm。

撮影協力：上野動物園

収斂進化について

　有袋類のフクロモモンガとげっ歯目のモモンガは、外見がかなり似ています。ほかにもフクロオオカミ（絶滅）とオオカミは外見も暮らし方もそっくりです。このように、別々に進化したのに外見が似てくるのを「収斂進化」といいます。同じような環境で同じような生態的地位にあり、同じような暮らし方を選んでいくうちに似ていったというわけです。こうした現象はフクロモグラやフクロアリクイなど有袋類で特によく知られています。

コアリクイ

フクロアリクイ

マレーヒヨケザル

ヒヨケザル目ヒヨケザル科ヒヨケザル属

【英名】Sunda flying lemur (Malayan flying lemur)
【学名】*Galeopterus variegatus*

　東南アジアのインドシナ半島、マレー半島などの熱帯雨林に生息。草食で、果物や花、芽や樹液などを食べる。「サル」と付いているがサル目（霊長目）とは異なるヒヨケザル目に分類される。100m以上の距離を滑空する。滑空時の飛膜は70cmにも広がる。体重0.9〜2kg、体長50.5〜69cm。

© Butterfly Hunter/Shutterstock.com

フクロムササビ

双前歯目リングテイル科フクロムササビ属

【英名】Greater glider
【学名】*Petauroides volans*

　オーストラリア東部のユーカリの森林に生息。主食はユーカリの葉で、消化するために大きな盲腸をもつ。飛膜はひじから足にかけて伸びていて、滑空するさいには、前足を胸に曲げてひじを張って飛膜を広げる。100m滑空することもある。体重1〜1.5kg、体長30〜48cm。IUCNレッドリストではVU（危急種）。

© Jean Paul Ferrero/Ardea/OASIS

ジャワトビトカゲ

トカゲ目アガマ科トビトカゲ属

【英名】Common flying dragon
【学名】*Draco volans*

　ボルネオ、フィリピン諸島に生息。トビトカゲの仲間は南インドと東南アジアの熱帯雨林に多くの種が生息する。食虫性でアリやシロアリを食べる。トビトカゲの飛膜は、長く伸びた数本の肋骨の間にある皮膚の膜で、滑空時にはこれを広げる。平均8mを滑空する。体長オス19.5cm、メス21.2cm。

© Corina Sturm/Shutterstock.com

フクロモモンガの滑空のしくみ

フクロモモンガの大きな特徴のひとつは「滑空(かっくう)」です。木から木へと飛んでいるようにも見えますが、鳥のように羽ばたいているわけではありません。それなのに50mもの距離をひとっ飛び。フクロモモンガの英名を「Sugar glider」というように、まさに「グライダー」と同じメカニズム。空気の力を利用して、長距離の移動を可能にしているのです。

滑空の方法

❶木の高いところまで登り、幹や枝を蹴って空中に飛び出します。
❷飛び出した次の瞬間に四肢を伸ばして飛膜を広げ、急降下、加速しながら風を受けて滑空を始めます。
❸十分な速度と浮力を得て、水平飛行に移ります。
❹木の枝などの障害物があるときは、伸ばした四肢の角度を変えたり、尻尾で舵をとり、巧みに方向転換します。
❺着地点に近づくと体を立て、空気抵抗を受けながら速度を落とし、木の幹に着地します。

空中に飛び出す。　次の瞬間、飛膜を広げる。　水平飛行、方向転換もできる。　体を立てて着陸態勢へ。

飛膜のつきかた

滑空を可能にしているのは、前足と後ろ足の間にある飛膜です。同じように滑空するフクロモモンガとげっ歯目のモモンガとでは、実は飛膜のつき方が少し違っています。

フクロモモンガの飛膜
前足の小指の先から後ろ足の親指へと続く飛膜と、後ろ足の小指から尾の付け根にかけての飛膜があります。

げっ歯目のモモンガの飛膜
飛膜は前足の手首から後ろ足の足首まで続きます。前足に沿って針状突起(針状軟骨)という細い骨があり、滑空時にはこの骨が張り出されるため、その分、飛膜の面積が広がります。

フクロモモンガを理解しよう

Chapter 1 フクロモモンガってどんな動物？

フクロモモンガを理解するには

よりよい環境作りのために

ペットのフクロモモンガは飼育下繁殖個体で、生まれてから自然界で暮らしたことは一度もないでしょう。しかし、フクロモモンガという生き物として長い進化の過程で身についた習性や生態、行動などが簡単になくなるわけではありません。ペットになったからといって彼ら本来の暮らし方を無視した飼育管理を行えば、大きなストレスとなってしまいます。飼い主として責任をもって飼育管理するためには、その動物がどんな暮らし方をしてきたか理解する必要があります。

とはいえ、フクロモモンガの生息地である森林を室内に再現することはできません。そのかわりにやるべきことは、野生での暮らしぶりのなかから飼育下に生かすことのできるエッセンスを見つけることです。

そのひとつに、本来もっている行動パターンや時間配分を再現させるというものがあります。たとえば、野生下で食べているような生きた昆虫を与えたり、好物をあちこちに隠して探させたりという方法です。

このように野生の暮らしのエッセンスを取り入れることが、フクロモモンガの心と体の健康にも役立ちます。そのためにも、フクロモモンガの本来の生活を理解しましょう。

気持ちを理解するために

人とフクロモモンガは同じ言葉をもたないので、会話でお互いの気持ちを理解することはできません。しかし、フクロモモンガの行動や鳴き声に隠れた意味を知ることで、コミュニケーションはとれるでしょう。

特にフクロモモンガは、比較的人に慣れやすい個体が多く、慣れてくると「遊んでほしい」「かまってほしい」というメッセージを私たちに投げかけてきます。そんな気持ちを受け止めてあげるためにも、さまざまな行動やしぐさの意味を知ることが大切です。

フクロモモンガと言葉は通じなくてもコミュニケーションはとれるでしょう。

フクロモモンガの野生での暮らし方

木の上で暮らす…樹上性

フクロモモンガは熱帯・亜熱帯の森林の、樹上で暮らしています。木から木への移動手段は滑空で、地面に降りてくることはめったにありません。

木にできた樹洞を巣として利用します。ユーカリの枝などの小枝や葉などを樹洞に運び込み、巣を作ります。

暗くなると活発…夜行性

夜行性で、日が暮れると巣から出てきて活動を開始し、食べ物を探しまわります。夜明けになると巣に戻り、日中は群れの仲間たちとともに巣の中で休息します。

仲間たちと暮らす…社会性

フクロモモンガは群れで暮らし、高い社会性をもっています。群れの構成は1匹の優位なオスを中心に、大人のオスとメス、その子どもたちで構成される6〜10匹ほどの小さな群れを作って暮らしています。大人は多いと7匹ほどで、ほかに血縁関係のない大人が4匹前後含まれるともいわれます。

優位なオスは、ほかのオスよりも頻繁にメスと交尾します。

群れには何世代かのフクロモモンガがいて、子どもは生後7〜10ヶ月ほどで群れを離れます。

年配のメスが死ぬと、その子どもの1匹がメスの群れを引き継ぎ、オスが死んだときには群れの外からオスが入ってくるとも考えられています。

群れのメンバー同士は強い絆があり、威嚇する程度のことはあっても、ひどい闘争は起こりません。

食事場所は守る…縄張り

それぞれの群れは、最大で1ha（10,000㎡）の縄張りをもち、自分たちの食事場所となる樹木（ユーカリの木など）を防衛します。オ

【フクロモモンガの生息地】

社会性があり群れで過ごします。
日中は巣の中で休息。

スは唾液や臭腺を使って縄張りの境界線や木の枝など通路となる場所ににおいつけをし、ほかの群れのフクロモモンガが来るとしつこく追い払います。

仲間はにおいを共有…においつけ

群れの仲間であることを示すのは「におい」です。縄張りににおいをつけるほか、優位なオスはほかの群れのメンバーの顎や胸、総排泄孔に頭部や胸部の臭腺をこすりつけてにおいをつけます。

メスも頭部を優位なオスの胸腺にこすりつけてにおいをつけます。育児嚢にある腺や尿のにおいはオスに性成熟を知らせます。

こうして群れのメンバーはにおいを共有、仲間を認識し、群れに属さない個体がやってくると激しく攻撃し、追い払います。

寒いときの非常手段…休眠

フクロモモンガは雨天や温度の低い夜にはあまり活発に活動せず、休眠状態になることがあります。ヤマネやシマリスなどのようにずっと眠っている冬眠とは違い、短い時間で必要に応じて行われます。ある研究によると、休眠状態は2〜23時間続き（平均13時間）、そのときの体温は最低10.4℃まで下がったと記録されています。食べ物の少ない厳しい気候を、できるだけエネルギーを使わずになんとか乗り切る手段が休眠です。

昆虫も花蜜も食べる…雑食性

フクロモモンガは雑食性の動物です。特に好むのはユーカリの甘い樹液です。大きな切歯で樹皮をかじって穴を開け、樹液を舐めとります。長い舌は花蜜や花粉をすくいとるのに役立ちます。

動物性の食べ物も好みます。フクロモモンガの前足の第4指（薬指にあたる指）はやや長めで、樹皮の裂け目から虫を取り出す助けになります。昆虫やその幼虫、クモなどのほか、小型脊椎動物も食べます。

野生下では季節によってまったく異なる種類のものを食べていることが知られています。一例としては、6〜7月にはほぼバンクシアと

食べ物も樹上で探して食べます。

滑空はフクロモモンガの最大の特技。

いう植物の葉を、9月から2月にはユーカリの花を、それ以外の時期にはアカシアの樹液や昆虫を食べていることがオーストラリアで観察されています。

ひとっ飛びの移動手段…滑空(かっくう)

フクロモモンガの前足や後ろ足は木の枝をつかむのに適した形態になっているため、平らな場所を歩き回るのはあまり得意ではありません。彼ら最大の移動手段は滑空です。飛膜を広げて風に乗り、木から木へと、ときには一度に50mもの距離を滑空します（滑空のメカニズムは20ページ参照）。滑空中には、昆虫を空中で捕まえることもあるとする資料もあります。

フクロモモンガの体のしくみ

目 フクロモモンガの特徴でもあり、魅力でもある丸い目。大きく突出しています。夜の暗闇のなかでも、わずかな光があればものを見ることができます。眼球にある網膜の裏にあるタペタム(輝板(きばん))という層が光を反射させて増幅させるからです。

耳 大きな耳介をもちます。耳介に毛は生えていません。あちこちに向けて動かすことで、音源の方向を見きわめます。聴覚は優れています。

鼻 たいへん優れた嗅覚をもっています。鼻の色はピンク色でうっすら湿っています。

歯と口 歯の数は全部で40本です。くわしく見ていくと、切歯は上顎に6本・下顎に4本、犬歯は上顎に2本・下顎にはなく、前臼歯は上下6本ずつ、後臼歯は上下に8本ずつとなっています。

下顎の切歯(前歯)は突出していて、木の皮をはぐのに適しています。

げっ歯目のモモンガと違い、歯が伸び続けることはありません。

有袋類(ゆうたいるい)は一般に、前臼歯だけが乳歯から永久歯に生え変わり、ほかの歯は生え変わりがありません。

細長い舌はよく動き、花蜜や花粉をすくいとるのに便利です。

ひげ ひげは感覚器官です。樹洞(じゅどう)の入り口の大きさを測るなどの役割があります。

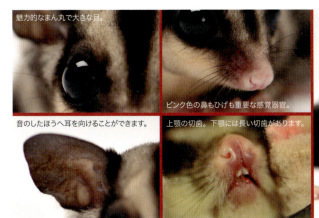

魅力的なまん丸で大きな目。

ピンク色の鼻もひげも重要な感覚器官。

音のしたほうへ耳を向けることができます。

上顎の切歯。下顎には長い切歯があります。

よく「おしゃべり」する愛らしい口元。

フクロモモンガの感覚

　フクロモモンガなど有袋類の感覚については、ほかの哺乳類ほど研究が進んでいません。

● **視覚**：タペタムがあるために薄暗いなかでもものを見ることができるほか、動くものをすぐに察知する動体視力が優れているとする資料もあります。有袋類は天敵が近づくのを知るのに視覚が最も重要という説もあります。

　色覚は限定的なものといわれる一方、オーストラリアの有袋類には三色性色覚（人と同じで青、赤、緑がわか

夜行性のフクロモモンガは暗闇でも目がききます。

る）をもつものがおり、同じく夜行性のフクロミツスイは三色性色覚をもつといわれます。

● **聴覚**：捕食動物が近づくさいの音や、食べるために探している虫のいる音を聞き取ることができます。

　有袋類に聞こえる周波数の領域は、2kHzから35kHzくらいと考えられています。人の場合は20Hzから20kHzほどが可聴域とされているので、有袋類は人に聞こえない高周波数の音も聞こえていると考えられます。

● **嗅覚**：においつけ行動からもわかるように、フクロモモンガは嗅覚にも強く依存しています。食べ物探し、仲間の認識、排除すべきほかの群れのフクロモモンガの排除、繁殖のタイミング、捕食動物の存在など、生きていくために必要な多くを、においによって認識しています。

四肢 フクロモモンガは手足を接地するときのつき方に特徴があります。犬などは手足の先が前を向いて接地しますが、フクロモモンガは、手足の先が横向きになります。木を登り降りするのに適しているのです。

指と爪 前足に5本、後ろ足に5本の指があります。後ろ足の第2指と第3指（人差し指と中指にあたる指）は、根元がひとつになった「合指（ごうし）」になっていて、グルーミングをするときにはクシのような役割をします。

木に登りやすいように爪は鉤爪（かぎづめ）ですが、後ろ足の第1指（親指）だけは平爪です。

親指と他の4本の指が対向してついているため、木の枝や食べ物などをしっかりつかみやすくなっています。

前足の第4指（薬指）は長く、樹皮の裂け目から昆虫を取り出すのに役立ちます。

尾 体と同じくらいの長さがあります。細い木の枝を歩くときには枝に尾を巻きつけてバランスをとったり、滑空（かっくう）するときに舵の役割をします。巣材を尾に巻きつけて巣に運ぶ様子が観察されています。

被毛 つややかで柔らかく、手触りのよい被毛です。青みがかったグレー〜薄い茶色の被毛で、目の間から尾の付け根にかけて黒っぽい縞があります。目から耳にかけても縞があり、目を目立たなくするカモフラージュとなっていると考えられます。

飼育個体には多くのカラーバリエーションがあります（32〜35ページ参照）。

四肢 木の枝をつかみやすい手足。

前足 指は5本。長い薬指は樹皮の裂け目から虫を引っかき出すため。

後ろ足 指は5本。人差し指と中指は根元がくっついていてクシの役割をします。爪は親指だけ平爪で、他は鉤爪。

爪 前足の爪。前足はすべて鉤爪。爪のなかには血管と神経が通っています。

尾と被毛 体と同じくらいの長さの尻尾。被毛と尻尾の毛のつややかさは健康のバロメーターです。

飛膜 前足の小指から後ろ足の親指、尾の付け根から後ろ足の小指にかけて、よく伸び縮みする飛膜があります（滑空の方法は20ページ参照）。

泌尿生殖器 フクロモモンガの泌尿生殖器はとても独特です。生殖管、尿管、直腸（肛門）の出口がすべてひとつになった「総排泄孔」をもっています。

オスのペニスはふたまたに分かれています。排尿はその先端からではなく、基部に近いところから行います（164ページ参照）。メスには膣と子宮頸がふたつずつあります。

育児嚢 メスには有袋類独特の育児嚢（袋）があります。有袋類の種類によって形態はさまざまで、フクロモモンガの育児嚢は、4つある乳頭が輪形になった皮膚のひだで囲われていて、ちょうど巾着のような形です。

消化管 野生下の食事である樹脂に含まれる多糖類を、微生物の助けを借りて発酵、分解させて利用するため、大きな盲腸をもっています。

フクロモモンガは飛膜を広げて滑空します。

飛膜は柔らかくよく伸び縮みします。

オスの生殖器。でべそのように見えるのが睾丸です。

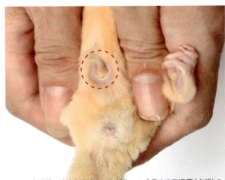

メスの生殖器。生まれた赤ちゃんが入って成長する育児嚢（点線）のなかにオッパイがあります。

臭腺 なわばりや仲間ににおいつけをする臭腺が、前額腺、胸腺、肛門腺、手足の表面、口の隅、外耳の内側にあります。

オスの前額部（おでこ）の臭腺は、ひし形状の脱毛部となっていて、よく目立ちます。この臭腺は1歳〜1歳半くらいで見られるようになります。胸の臭腺はわずかな脱毛部が見られるか毛が茶色っぽく変色しています。

排泄物 便は長さ10mm前後の楕円形で、色は黒〜黒褐色（47ページ参照）。尿は黄色っぽい透明色です。

オスのおでこには、においをつける臭腺があって、ひし形状の脱毛部が目立って見えます。

フクロモモンガは、胸にも臭腺があります。

フクロモモンガデータ

- **心拍数**：200〜300／分
- **呼吸数**：16〜40／分
- **体温**：直腸温で36.3℃（総排泄孔温は32℃と低い）
- **寿命**：野生下では5〜7年、飼育下では12〜15年（資料によっては10〜12年、10〜14年、最長17年）
- **体の大きさ**：頭胴長約120〜320mm、尾長150〜480mm、体重平均110g（資料によっては体重オス100〜160g・メス80〜130g、オス115〜160g・メス95〜135g）

お互いに、においつけをしているフクロモモンガ。

フクロモモンガの
ボディランゲージと鳴き声

防御・威嚇

　飼い始めの頃や、慣れていないフクロモモンガによく見られるのが、防御や威嚇のボディランゲージです。

　警戒の鳴き声をあげながら後ろ足で立ち上がり、前足を広げるように上げ、頭を前に伸ばすようにし、歯が見えるほど口を開ける姿勢をとります。仰向けになって四肢を突き出し、鳴き声をあげることもあります。こうしたときにむやみに手を出すと思い切り噛みつかれます。

立ち上がり、全身で威嚇！

においつけ

　なわばりや仲間に対してにおいつけ（マーキング）をします。自分のにおいがあることで安心します。飼い主に対して行うこともあります。

お互いにマーキングをしてにおいを共有。

グルーミング

　体を掻いたり舐めたりしながら、皮膚と被毛をいい状態に整えるのがグルーミングです。

　そのほかにもグルーミングには、自分の気持ちを落ち着けるという意味もあります。

　群れで暮らすフクロモモンガでは、仲間同士での相互グルーミングもよく行われます。

皮膚と被毛のコンディションを整えるグルーミング。

リラックス

　安心できる環境だと、本来なら急所であるお腹を見せてリラックスして仰向けで寝ていることがあります。慣れてくると飼い主に顎の下や耳の後ろを掻いてもらい、気持ちよさそうにリラックスした様子を見せます。

人に慣れやすいフクロモモンガ。人の手のなかでリラックスも。

鳴き声

フクロモモンガにはいろいろな鳴き声が知られています。鳴き声はフクロモモンガ同士の重要なコミュニケーション手段のひとつです。鳴き声がどう聞こえるかは人によっても若干違いますから、そのときの状況や行動と照らし合わせながら、「うちの子の言葉」を聞きとってみてください。

●警戒・威嚇

多くの場合、飼い始めて最初に聞くフクロモモンガの鳴き声です。慣れていない個体を触ろうとしたときや、びっくりさせてしまったとき、フクロモモンガが怯えたり怖がっているとき、警戒したり威嚇のために発する鳴き声です。「ジコジコジコ…」「ギコギコギコ…」と聞こえます。「電気鉛筆削りのよう」ともいわれます。後ろ足で立ち上がって前足を開くようにする威嚇ポーズをしながら鳴くこともよくあります。

警戒心からジコジコと鳴くことも。

●仲間を呼ぶ

他の個体を探したり、自分の居場所を知らせるときに聞かれる、子犬のような鳴き声です。「アンアン」「ワンワン」、あるいは「キャンキャン」と聞こえます。驚いたときや不安なとき、飼い主を呼ぶとき、繁殖期にもこの鳴き声が聞かれます。

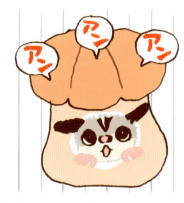

子犬のようにアンアン鳴くのは仲間への呼びかけ。

●イライラしている

いらいらしているとき、なにか不満があるときの鳴き声で「シューシュー」と聞こえます。

甘えながら手のなかで眠ってしまいました。

○子どもの鳴き声

子どもが母親を呼ぶ鳴き声で「シューシュー」と聞こえます。警戒の鳴き声を小さくしたような鳴き声もあげることがあります。個体によって異なるパターンがあり、その鳴き声をずっと記憶していて、親に会ったときにはその鳴き声を発するといわれています。群れのなかでの地位が低い個体も同じような鳴き声をあげます。

個体ごとに異なる鳴き声で母親を呼びます。

○嬉しい

嬉しいときや興奮しているときは、「プププ…」と聞こえる鳴き声をあげます。

嬉しいときや興奮しているときの声。

○満足

「猫がのどを鳴らす音」ともいわれる、「クククク」という音で、フクロモモンガが満ち足りているときに聞かれます。

○闘争・不満

同じ群れの中でのケンカのときや、嫌なことのあるときの「チッ」という鳴き声です。

嫌なことがあると舌打ちのような声をだします。

あっかんべーをしているみたいな表情。

フクロモモンガの
カラーバリエーション

　ペットのフクロモモンガにはさまざまなカラーバリエーションが知られています。

●ノーマル

　野生色で、最も一般的なフクロモモンガの毛色です。ノーマル、スタンダード、クラシックなどの通称があります。青みがかったグレー〜薄い茶色の被毛で、目の間から尾の付け根まで濃い色の縞があります。鼻から耳の付け根にかけて、目の周囲にも濃いラインが見られます。腹部はクリーム色、尾の先端は黒です。

ノーマル

●リューシスティック

　色素の量が少ない白変種です。全身が白い毛色で、目は黒です。

リューシスティック

● クリミノ
　被毛はクリーム色で背中の縞はベージュ、目は濃い赤です。クリームアルビノの略称です。

クリミノ

クリミノ

リューシスティック

●モザイク

　色の名称ではなく、柄によるバリエーションです。全身の毛色に関係なく、白い毛色が体の一部にパッチ状に入ります。

　なお、モザイクの主にオスで遺伝的に不妊になるものがいるといわれています。写真はモザイクのホワイトテールです。

モザイク

モザイク

ホワイトフェイス

●ホワイトフェイス

　全身はノーマルの毛色で、顔の被毛が白いタイプです。写真はホワイトフェイスブロンドです。

○ プラチナ
粉雪が降ったような淡い銀色の被毛に、縞はグレーです。

プラチナ

ホワイトフェイス

○ アルビノ
先天的に色素をもたないため、前身が白く、目の組織にも色素がないので血管が透けて見え、赤い目をしています。

○ そのほかのカラーバリエーション
　そのほかにもフクロモモンガには多くのカラーバリエーションが存在します。
　尾の先端が白いホワイトチップや尾にリング状に濃い色が現れるリングテール、ノーマルの黒い毛色の部分が非常に濃い色のブラックビューティ、顔の毛色が濃いブラックフェイスなどのほかに、バタークリーム、シナモンなどが知られています。
　ただカラーバリエーションの名称に世界中で統一されたものはなく、同じ毛色でもペットショップやブリーダーなどによって異なる呼び方をしていることがあります。

わが家のフクロモモンガ 【ここが好き！編】

フクモモ愛にあふれる みなさんの〝好き！〟をご紹介します。

- ケージを開けると肩に飛んできてくれること。服の中に入ってきて、服の中で寝てプップッと鳴いてくれていると幸せです。　（やこさん）

- ごはんを食べているときに、時々こっちを向いてくちゃくちゃしています。「お母ちゃん美味しいよ」って言っているようで、それがたまらないです。　（poohkotaoさん）

- 「癒やし」です。Twitterやインスタでフクモモ飼いのフォロワーさんと友達になったり情報交換できることも楽しいです。　（chebさん）

- 私をフクモモのように接してくれること。頭をグリグリこすりつけてきたり、毛づくろいや甘え鳴きで呼んだりしてくれます。愛情をもって接すれば接しただけ、応えてくれる素敵な生き物だと思います。　（ちこさん）

- 脱嚢後数ヶ月で妊娠、出産しました。心の準備ができていなかったので困りましたが、ベビーを育てられたのは大変だけど嬉しい時間でした。　（出口喜久代さん）

- 自分の子どものよう。名前を呼ぶと反応し、話しかけると目を見つめながら聞いてくれます。　（sakura.2310.nさん）

- 少しずつ慣れてきてくれることです。また、ミルクをあげているときなら、少し触れるので、もふもふを楽しんでいます。　（亜季さん）

- とにかく仕草、やること、懐くことすべてがかわいい!! 何をしていても癒やされる！（男の子の）においすら愛せます！　（布団さん）

- 呼ぶと近寄ってきてくれるところ。おやつを食べて嬉しそうにプクプクいうところ。手で持って食べる仕草がかわいい。なでるだけで癒やされます。　（ゆかさん）

- お客様が来たときに、自分の元にきちんと帰ってきてくれて、他人と自分の区別をしてくれます。　（buiyonさん）

- 無防備に眠っている姿を見ると、心を許してリラックスしてくれているのかなと嬉しくなります。　（えりーぜさん）

- あとをついてきたり、なでていたら寝ちゃったとき。　（じつさん）

- なでられているときに、自分で私の指をつかんでもっとなでろ、とアピールしてくるとき。　（まひろさん）

PERFECT
PET
OWNER'S
GUIDES

Chapter 2

フクロモモンガを迎える

PERFECT PET OWNER'S GUIDES

フクロモモンガを迎える前に

Chapter 2
フクロモモンガを迎える

かわいく愛しい癒やしの存在

　エキゾチックペットと呼ばれる犬猫以外の小動物のなかでも人気を集めているフクロモモンガ。丸くて大きな目や長いシッポなど、見た目のかわいさはいうまでもありません。夜行性で、滑空（かっくう）するというちょっと不思議な生態にも心を惹かれます。ただただ眺めているだけでも癒やされるのがフクロモモンガの存在です。

　もともと自然界でも家族で暮らす動物のせいか、人にとてもよく慣れてくれる個体もいます。その慣れ方といったら、「うっとおしいくらい」と表現する人もいるほどのベタ慣れぶりで、甘えてくる姿にたまらなく幸せな気持ちになることでしょう。部屋で遊ばせながら、おいでと呼んで滑空してきてくれたりするととても嬉しいものです。

　そんな愛しいフクロモモンガとの暮らしは毎日をとても楽しいものにしてくれます。

生き物を迎える責任をもって

　フクロモモンガを家族として迎えたくなってしまったら、落ち着いていくつかのことを考えてみましょう。動物を飼おうとするときに「衝動買い」はおすすめできません。

　フクロモモンガは、両手におさまるくらいの小さなサイズの動物ですが、かけがえのない命をもつ存在です。迎えたその日から、その命を守り、命に対して責任をもたなくてはなりません。

　体は小さいですが、寿命は長いと15年ともいわれます。その長い期間を最後まで寄り添うことができるでしょうか。

　かわいいけれど、ぬいぐるみではありませんから、毎日の世話が必要です。忙しかったり疲れていたりしても「自分でやっておいてね」というわけにはいきません。

　飼育に飽きたり、面倒になったからといって飼育放棄をしたり、捨てたりすることは許

手のなかでひっついて寝る姿はとても愛おしいものです。

マッサージをされるフクロモモンガ。人の手に体をすっかり委ねていますね。

フクロモモンガはどこにいても、大好きな飼い主のことを意識しています。

されるものではありません。もとをたどれば野生動物であっても、ペットとして飼育されるようになった動物は人の飼育管理下で生涯をまっとうさせるのが人の責任でもあり、そのペットにとっても幸せなことです。

やむを得ない事情でどうしても飼い続けることができなくなったとしても責任をもって新しい飼い主を見つけてください。

動物を飼うなら、こうしたことをよく考え、覚悟のうえで迎えましょう。

よく動物に「癒やされる」といいますが、動物が人を幸せな気持ちにさせてくれるのは、動物が幸せな環境で暮らし、安心した姿を見せてくれるから、人は癒やされるのです。まず動物が安心して幸せに暮らせる飼い方をすることが必要です。

命への責任をもち、適切な飼育管理を生涯にわたって続けること。その心がまえをもって家に迎えたあとは、日々をフクロモモンガと一緒に楽しく過ごしましょう。

ここが大変、フクロモモンガ

飼い始めてから「こんなはずじゃなかった」「こんなこと知らなかった」と悩むのは飼い主にとってもフクロモモンガにとっても不幸なことです。あらかじめ、フクロモモンガと暮らすうえで起こり得る大変さを知っておきましょう。

慣れるのに時間がかかる

フクロモモンガにはとてもよく人に慣れる個体が多いものの、なかには慣れるまでに時間がかかったり、慣れにくい個体もいます。忍耐強く接することが必要です。

昆虫を扱う

フクロモモンガには昆虫類も食事として与えます。生き餌ではないタイプもありますが、昆虫が苦手な人には苦痛かもしれません。

掃除の手間がかかる

　トイレ容器に排泄してくれない個体は多いものです。排泄物などの掃除をこまめにしないとにおいがきつくなります。食事のさいに食べかすを散らかすこともあり、掃除の手間がかかります。

夜中にうるさい

　夜行性なので、夜遅い時間になると活発になり、回し車を回す音がうるさかったり、鳴き声がうるさいこともよくあります。

かまってほしがる

　「慣れにくい」のとは逆に非常によく慣れ、飼い主にかまってもらわないことが強いストレスになる場合があります。忙しくても遊ぶ時間をとらねばなりません。

電気代がかかる

　フクロモモンガは比較的暑さには強いものの、昨今の夏の暑さでは冷房も必須です。冬場には暖かくする必要があり、暖房代がかかります。

排泄物や食べかすを散らかすこともあります。こまめな掃除が欠かせません。

動物病院を見つけにくい

　フクロモモンガを診療してもらえる動物病院は多くないため、探すのが大変だったり、見つかっても家から遠い場合があります。

偏食に悩む

　好き嫌いがあったり偏食な個体が多く、食事で悩むこともよくあります。食事の用意に手間がかかることもあるでしょう。

フクロモモンガは夜行性。遊び足りないと飼い主を呼ぶことも。

フクモモ暮らしの必需品

　フクロモモンガを飼育するためにはさまざまな「もの」が必要です。また、ともに暮らす日々のなかで起こる「こと」に対する準備もしておくといいでしょう。次のページを見て、フクロモモンガとの暮らしを想像してみてください。

フクロモモンガと暮らすには何が必要？

最初に用意するもの
初期費用としてケージや寝床などの飼育グッズ、フード類など。

そのつど買い足す消耗品
床材やフード類などはなくなる前に余裕をもって買い足して。

もの

時々買い換えるもの
寝床など汚れたりボロボロになりやすい飼育グッズは時々交換。

季節によって必要なもの
ペットヒーター類などの温度管理グッズは欠かせません。

健康診断
年に一度は動物病院で健康診断を受けておくといいでしょう。

診察・治療
病気かもしれないと思ったらなるべく早く動物病院へ。

こと

長い留守番
ペットホテルやペットシッターに預けると安心です。

季節によって必要なこと
エアコンはフル稼働ということも。温度管理のための電気代を覚悟。

コミュニケーション
かまってほしがりのフクロモモンガ。遊ぶ時間はたっぷりと。

「○○」だけど飼えますか？

みなさんが暮らしている環境や家族構成、ライフスタイルはさまざまです。そこにフクロモモンガが家族として加わると考えたとき「大丈夫かな？」と思う点があったら、一度立ち止まってみるといいでしょう。

工夫をしたり準備をしておけば、上手にフクロモモンガとの暮らしを楽しめることも多い

犬猫がいるけど飼える？

時々、犬や猫とフクロモモンガが仲良くしているような映像があったりします。犬や猫にフクロモモンガを襲わないようにしつけることは可能かもしれませんが、小さくて予測できない動きをするちょこまかした生き物を前にしたら、ちょっかいを出したくなるのが本能でもあります。接触のあるような飼い方はおすすめできません。フクロモモンガからすれば犬や猫は天敵の一種ともいえるでしょう。犬や猫とフクロモモンガとはまったく別の部屋で飼育するなど、不慮の事故を防ぐことができるなら、犬や猫のいる家庭に迎えることは不可能ではありません。

小さい子どもがいるけど飼える？

動物を家庭に迎えることで、命の大切さや世話をする責任など、子どもたちが学ぶことはたくさんあるでしょう。ただ、フクロモモンガがそれに向いているかというと難しい点もあります。慣れる個体が多いとはいえ、慣れない個体なら噛みついたり、鋭い爪が子どもたちの皮膚を傷つけることもあります。強くつかみすぎてしまったり、うっかり落とすといった扱い方の不安もあります。小さい子どもがいる家庭にフクロモモンガを迎えるときは、必ず保護者の監督下で遊ばせたり、世話を手伝わせたりするようにしましょう。保護者がフクロモモンガを大切にする姿勢から子どもたちが学ぶことも多いと思います。

でしょう。しかし、場合によっては「飼わないのが愛情」というケースもあります。本当に飼えるかどうかよく考えてみてください。

留守がちだけど飼える?

フクロモモンガの飼育に必要なのは、毎日必ず世話ができるということやコミュニケーションの時間がとれるということです。夜行性なので昼間は寝ていますから、日中は出かけている時間が長くても飼育は可能です。出張が多いなど数日間、留守にすることが多いというなら、その間に世話をしてくれる人がいるかどうかがポイントでしょう。フクロモモンガ飼育の大きな魅力はコミュニケーションがとれることにあるので、接する時間がとれそうもないならフクロモモンガを飼うことに向いていないかもしれません。

ペット飼育禁止の賃貸住宅だけど飼える?

ペット飼育可能な住まいも増えてきましたが、ペット禁止というところもまだ多いでしょう。まず「ペット」が何を指しているのか確認してください。犬猫のみ禁止で、そのほかの小動物は応相談、ということもあるものです。けれども夜行性のフクロモモンガが夜、にぎやかです。住宅の構造によっては他の部屋に迷惑をかけることもあるなどの点もよく考えてください。小動物の飼育も禁止だという場合は、飼育できる住宅を探してください。こっそり飼うようなことはおすすめできません。

フクロモンガを迎える方法

フクロモンガを どこから迎える？

1. 動物取扱業者から購入する

動物取扱業者とは、ペットショップやブリーダーなどのことです。店舗に「第一種動物取扱業者標識」があることを確認しましょう。購入するさいには法律上の規制があります（50ページ参照）。

● ペットショップで購入する

犬猫以外の小動物も扱っているペットショップで買うことができます。よいショップを選ぶポイントは、スタッフがフクロモンガに詳しいことや適切な飼育管理や扱い方をしていること、店舗が衛生的なこと、販売されているフクロモンガの状態がよいかどうかなどで判断できます。そのショップでブリーディングして販売している場合もありますが、輸入個体が多いでしょう。

● ブリーダーから購入する

多くはありませんが、フクロモンガのブリーダーもいます。親の毛色や性質がわかることや、早期に親から引き離さず、母乳をしっかりと飲んでいるなど親とのコミュニケーションも密なので心身ともに健康なことが期待できます。どのような環境でブリーディングしているのか見学させてもらえるところを選ぶといいでしょう。

● イベント（移動販売）で購入する

フクロモンガは爬虫類イベントで販売されていることもよくあります。購入するのに適切な月齢になっているのか、健康なのかをチェックするのはもちろんですが、そのイベントが終わったあとにもその店舗と連絡を取ることができるかを確認してください。移動イベントでは「家に連れて帰ったら買った動物が死亡してしまったが、販売した店舗と連絡がつかない」というトラブルが起こることがあります。

2. 里親募集に応じる

一般の飼い主が繁殖させたフクロモンガを里親募集していることがあります。受け渡し方法や条件などをあらかじめきちんと確認し、お互いに誠意をもってやりとりしましょう。

どんなフクロモモンガを迎える?

年齢は?

もう母乳を飲む必要がなく、離乳している子、自分で食事をすることができるようになった子を選ぶのがいいでしょう。脱嚢(だつのう)(46ページ参照)してから2ヶ月くらいが目安です。

脱嚢したばかりの幼い個体だと、ミルクを与えたり、温度管理に注意を払う必要があります。育児放棄などで親がいない場合はしかたありませんが、そうではないなら、離乳まで待つようにしてください。

大人になった個体を迎える場合、それまでの扱いが適切なら新しい飼い主にも慣れやすいですが、あまり人と接する機会がなかったり、乱暴な扱いをされていた個体は慣れにくいかもしれません。ただ、時間をかければコミュニケーションがとれるようになります。

臭腺が発達するオス。
おでこのこの脱毛部もにおいつけをするための臭腺です。

母親に抱かれているフクロモモンガの赤ちゃん。
脱嚢しても離乳までまだまだかかります。

性別は?

オスのほうがおっとりしていて慣れやすく、メスのほうが子育てをする本能からか警戒心が強い傾向があるといわれますが、個体差はあり、おっとりしたメスもいれば警戒心の強いオスもいます。

性別による違いが大きいのは体のしくみからくるものでしょう。オスは臭腺が発達し、においつけをするようになり、独特のにおいが気になる場合があります。フクロモモンガに多い病気のペニス脱(だつ)(164ページ参照)は当然オス独特のものです。

性格は?

ペットショップなどで最初に接するときは警戒心をもたれるのが普通です。しばらくするとにおいをかいでくるなど好奇心旺盛な様子を見せるような子が扱いやすいでしょう。

ただ、子どものときにどんな性格の子であれ、性成熟する時期に個性が強くなったり、成長期の扱い方によっても違いは出るので、「育て方による」という部分もあります。

何匹?

フクロモモンガは、本来であれば多頭飼育したほうがいい動物です。家庭で多頭飼育するには注意点もありますが(112〜115ページ参照)、それらをクリアできるなら、最初から一緒に育っている2匹を迎えるという方法もあります。

もちろん1匹だけを迎えるのも問題ありませんが、そのさいは飼い主がそのフクロモモンガの生涯にわたり、フクロモモンガのよきパートナーとなってあげる覚悟も必要です。

迎える時期は?

フクロモモンガは一年中、販売されていますが、迎える季節としてはあまり極端な時期(真夏や真冬)は避けたほうがいいでしょう。それ以外の季節でも、ペットショップから家に帰る途中、そして家での温度の変化が大きくならないように気をつけてください。

迎えた直後は体調の変化に気をつけねばなりませんが、飼い主が忙しくてフクロモモンガの様子をよく見ることができないようでは困ります。飼い主に時間的な余裕があるときに迎えることをおすすめします。

「生後」と「脱嚢」の違い

一般に動物の年齢は生まれたときを起点として数えますが、フクロモモンガの独特な年齢(月齢)の数え方として、「脱嚢してから」を起点とする方法があります。

有袋類であるフクロモモンガは生まれてすぐに母親の育児嚢に入り、母乳を飲んで育ち、生後2ヶ月ほどたつと育児嚢から姿を見せるようになります。このときを「脱嚢」と呼んでいます(OOP=out of pouchともいいます)。脱嚢してもしばらくの間は母乳を飲んで育ち、脱嚢後2ヶ月ほどで離乳の時期になります。

ペットショップなどではこの「脱嚢」を起点に年齢(月齢)が記載されていることが多いでしょう。

脱嚢間近になると、大きくなった赤ちゃんの体がはみ出している様子も見られます。

健康状態は？

　健康なフクロモモンガを選びましょう。ペットショップのスタッフと一緒に確認してください。ひとつの飼育容器に複数のフクロモモンガが暮らしている場合は、気に入った子以外の個体の様子も見てみましょう。感染性の病気になっている個体がいると、ほかのフクロモモンガにも感染している可能性もあります。

耳 傷がない。汚れていない。

目 目やにや涙が出ていない。ショボショボさせていない。傷やにごりがない。

皮膚・被毛 傷がない。汚れていない。

腹部 傷や赤みはない。生殖器や総排泄孔の周囲が汚れていない。

鼻 鼻水が出ていない。クシャミを連発していない。

歯 折れたり欠けたりしていない。

四肢 傷はない、指や爪は揃っている。

行動 活発で好奇心がある。足を引きずるなどしていない。食欲がある。

体重 手に持ったときに、体が小さいなりにずっしりと重みを感じる。

便 下痢をしていない。

健康なフクロモモンガの便

フクロモモンガと法律

Chapter 2
フクロモモンガを迎える

動物愛護管理法

　動物愛護管理法(動物の愛護及び管理に関する法律)は1973年に「動物の保護及び管理に関する法律」として制定されたのち、数回の改正を経て現在に至ります。ペットの飼い主や動物取扱業者だけではなく、すべての人々を対象にした法律です。

　この法律は、国民が動物愛護精神をもち、動物による人の生命や財産などへの侵害を防ぎ、環境を保全すること、人と動物の共生社会の実現を図ることを目的としています。動物は命あるものだと認識し、動物をみだりに殺したり傷つけてはならないこと、習性を考慮し、適切な飼育管理を行うことが基本原則とされています。

飼い主が守るべきこと

　飼い主は、動物愛護と管理に責任をもち、適切な飼い方をし、人に迷惑をかけないようにしなくてはなりません。最後まで飼育するよう務めること(終生飼養)も法律で定められています。

　また、動物愛護管理法に基づく「家庭動物等の飼養及び保管に関する基準」(環境省告示)では

- 動物の種類や発育状況に応じた食事と水を与えること
- 健康管理に努め、病気やケガを防ぐこと
- 病気やケガをしたら獣医師の適切な処置を受けること
- 生態や習性、生理を考慮した施設で飼うこと
- 適切な日当たり、風通し、温度、湿度の場所で、衛生状態に配慮して飼うこと
- 適切な環境が確保でき、終生飼育ができる範囲の頭数を飼うこと
- 適切に飼ったり里子に出したりできないなら繁殖制限をすること
- 人と動物の共通感染症の正しい知識をもち、感染防止に努めること
- 脱走しないように飼い、万が一脱走したらすみやかに探すこと

などが定められています。

ショップが守るべきこと

　ペットショップやブリーダーなどの動物取扱業者は、動物を適切に飼育管理しなくてはなりません。動物愛護管理法に基づく「第一種動物取扱業者が遵守すべき動物の管理の方法等の細目」(環境省告示)では、

- 動物が自然な姿勢で日常的な動作を容易に行える広さと空間をもつ飼育施設であること
- 生態や習性、飼養期間に応じて遊具や砂場等の施設を備えること
- 清掃を1日1回以上行うこと
- 保守点検や脱走防止措置をとること
- 複数を飼養するさいにはその組み合わせを考慮し、過度な闘争の発生を避けること
- 動物の生理、生態、習性等に適した温度、明るさ等を確保すること

- 動物の種類、発育状況、健康状態等に応じた餌を選択し、適切な量と回数の給餌、給水を行うこと
- 長期間連続して展示を行う場合には、動物のストレス軽減のために必要に応じて途中で展示を行わない時間を設けること
- 繁殖のさいには遺伝性疾患等の問題のある動物、幼齢や高齢の動物を繁殖させないこと、また、みだりに繁殖をさせて母体に過度な負担がかからないようにすること

などが定められています。

ショップの現物確認・対面説明の義務

動物(哺乳類、鳥類、爬虫類)を販売するにあたっては、動物を買おうとする人に対して、その動物の現在の状態を直接見せ(現物確認)、書面をもってその動物の特性や健康状態、飼育方法などを直接、説明(対面説明)しなくてはなりません。

購入者側からいうと、迎えたいと思う動物を必ず直接見て健康状態を確認し、動物の特徴や飼い方などが書かれた文書を見ながら説明を聞き、そのうえで迎えるかどうかを判断して書類を取り交わすことになります。

現物確認・対面説明が義務化されたため、インターネット上のみでのやりとりによる動物の売買は不可能になりましたが、対面説明・現物確認ができていれば、動物を宅配便で輸送することは可能です(2018年10月現在)。ただし、動物の輸送にはリスクもありますから、どのような方法で行われるのかをよく確認してください。

動物を購入するときに必要な販売時説明書・確認書の例。ほかにフクロモモンガの特徴や飼い方などが書かれた文書が必要です。

【販売時に説明すべき項目】

- 品種等の名称
- 性成熟時の体の大きさ
- 平均寿命
- 適切な飼育環境
- 適切な食事と水の与え方
- 適切な運動と休養の方法
- 主な人と動物の共通感染症と、その動物がかかる可能性の高い病気の種類と予防方法
- その動物に関係する法令の規制内容
- 性別の判定結果
- 生年月日や輸入年月日
- 生産地
- その個体の病歴
- 遺伝性疾患の発生状況

など

家庭でフクロモモンガを繁殖させている場合

ブリーダーを職業にしていなくても、家で繁殖させたフクロモモンガを頻繁に里親に出している場合には第一種動物取扱業の登録が必要なケースがあります。動物愛護管理法では、社会性をもって（特定の相手や少数を対象にしていないなど）、有償・無償は関係なく、一定以上の頻度または取扱量で（年2回以上または2頭以上）、営利を目的として動物を取り扱っている場合がそれにあたります。詳しくは環境省の動物愛護管理室ホームページをご覧になったり、もよりの動物愛護センターに問い合わせてください。

外来生物法

外来生物法（特定外来生物による生態系等に係る被害の防止に関する法律）は、外来動植物による在来種の駆逐、交雑による遺伝的汚染、農林水産業への被害、人の生命や身体への被害などを防ぎ、生態系を守ることを目的とした法律です。2004年6月に制定されました。この法律ではアライグマ、カミツキガメ、ブラックバスなど特に影響の大きな外来生物を「特定外来生物」として指定し（2018年4月現在、哺乳類25種、鳥類7種、爬虫類21種ほか）、無許可での輸入や飼育、野外に放すことなどが禁止されています。

有袋類と特定外来生物

有袋類のうち特定外来生物に指定されているのはフクロギツネです。以前はペットとして飼われることもありましたが、現在は飼育することはできません。

フクロモモンガは規制されていないので自由に飼うことができます。ただし、ルーツを海外にもつ「外来生物」であることには間違いありません。遺棄したり脱走したものが増

もともと日本にいなかったのにペットとして持ち込まれたものが野生化し、特定外来生物に指定されたアライグマ。（© Agnieszka Bacal / Shutterstock.com）

フクロギツネもペットが捨てられたり逃げたりして野生化しました。現在では原則、飼育が禁止されています。（© Michal Pesata/ Shutterstock.com）

えて生態系に影響をおよぼすようなことがあれば、規制の対象になるかもしれません。フクロモモンガは日本の野外に住み着くとは考えにくいですが、自然豊かな南の地方であれば可能性があるかもしれません。いずれにせよ、もともと日本の動物ではない生き物を飼っているのだという責任を十分に理解し、逃がしたり捨てたりしないようにしてください。

ワシントン条約

　ワシントン条約（絶滅のおそれのある野生動植物の種の国際取引に関する条約）とは、世界の野生動植物が過度に国際取引に利用されるのを防ぐため、それらの種を保護することを目的とした条約です。英語の条約名から略称を「CITES（サイテス）」ともいいます。

　自然のかけがえのない一部をなす野生動植物の一定の種が過度に国際取引に利用されることのないようこれらの種を保護することを目的とした条約です。Ⅰ類、Ⅱ類、Ⅲ類があり、取引制限の最も厳しいのが「Ⅰ」になります。有袋類ではⅠ類にフサオネズミカンガルー属の全種（ネズミカンガルー科）などが、Ⅱ類にクロキノボリカンガルー（カンガルー科）などが指定されています。

動物の輸入届出制度（感染症法）

　感染症法（感染症の予防及び感染症の患者に対する医療に関する法律）では、海外から持ち込まれた動物から感染症が広がることを防ぐために、動物の輸入届出制度が規定されています。

　フクロモモンガで対象となっている感染症は狂犬病です。輸出国の政府機関が発行する衛生証明書で、そのフクロモモンガが輸出時に狂犬病の症状を示していないこと、狂犬病が発生していない地域で生まれたり捕獲、保管されていたこと、それ以外の地域の場合は過去1年間狂犬病が発生していない保管施設で生まれたり保管されていたことなどが証明されなくてはなりません。

　フクロモモンガをペットショップなどから購入するさいには、すでにこうした手続きは済んでいるので飼い主には関わりがありませんが、フクロモモンガを連れて渡航したり帰国するさいには関係があるので、予定がある場合は早めに検疫所に問い合わせるといいでしょう。

要チェック 法律改正

　動物愛護管理法はおよそ5年ごとに見直しが行われて改正されます。そのほかの法律も改正されることがあるので、常に最新の法律を確認するようにしてください。

わが家のフクロモモンガ 【ここが困った！編】

フクモモとの生活で〝困った！〟ことをご紹介します。

- 夜行性なので、とにかく夜にかまってほしくてかなり大声で鳴くことです。声をかけると落ち着きますが、またしばらくすると鳴いて…寝不足になるほどうるさかったです（笑）。
 （ぺたろーさん）

- 下に落ちたものを拾おうとケージ床の金網に手を入れるので、ペットシーツや新聞紙が爪で持ち上がり、金網に引っかかっていました。掃除のときにトレーが引き出せなくて困るのとケガ防止のため、今は新聞紙の上にアルミホイルを敷いています。 （なっちぃさん）

- 家がとても寒く、冬の暖房代が高くて困ります。甘噛みが好きでたまに強く噛まれて痛いのも悩みです。 （やこさん）

- 偏食で体重がなかなか増えずに困りました。今も小さい方ですが「個体差があるしごはん食べて排泄をしっかりして元気に遊んでいれば大丈夫！」と言われて、悩みすぎるのも悪いことだと思いました。 （ひとみさん）

- 動きが立体的で素早いことに苦労しました。慣れていないうちは、隙をついて逃げられたり。おやつで呼び寄せて、服の中に逃げ込んだのを利用して、服を脱いで捕獲していました。
 （まひろさん）

- 最初の頃、においがきつく感じたので、ケージの側に置く小型の脱臭機を購入しました。
 （ゆかさん）

- 日が浅いので、とにかくわからないことだらけです。また、SNSがあるとはいえ、情報交換できる場が少なく、また「個体差」が大きいせいか、結局うちの子によく向き合って考えていくことが多いです。 （森田存さん）

- 会社が休みの日。疲れて起きられないときは、当然朝ごはんも遅くなり…。「ままちゃん起きて！おなかすいたー！ごはんまだー?!」とばかりにケージをガシャンガシャンと音をたてて起こされることがたまにあります。
 （ちゅんちゅんさん）

- 偏食のかなりきつい個体がいて、置いておけば食べると周囲に言われて心を鬼にして置いた結果、低血糖に陥りあわてて病院へ。頑固な子は生命の危機に陥っても頑固です。
 （Eryndilさん）

- おしっこをチョンチョンしながら腕とかを歩くので、洗濯物が多くなりました。温度管理はエアコンが一番安定しますが、停電のとき安心できません。遠出や泊まりはしないようにしています。しばらく旅行に行ってないですね(^_^;) （poohkotaoさん）

PERFECT PET OWNER'S GUIDES

Chapter 3

フクロモモンガの
住まい

どんな住まいが必要？

Chapter 3
フクロモモンガの
住まい

快適で安全な住まい作りを

　フクロモモンガにはできるだけ快適な住まいを用意してあげましょう。野生下であれば、気に入る場所を探して移動することも、自分たちで巣材を見つけてくることもできますが、飼育下では人が用意した環境がすべてです。野生の暮らしのエッセンスを取り入れ、飼育管理がしやすいことも考えながら住まい作りをしていきましょう。

　樹上性で巣穴に暮らすということからは、高さのあるケージや樹洞代わりの寝床が必要だとわかります。止まり木やステージ、おもちゃなどを設置することで、ケージ内をあちこちに移動したり、動きにバリエーションがつけられます。

　「フクロモモンガ用」の飼育用品も増えてきましたが、それ以外の動物用の用品を使う場合もあるでしょう。専用ではないことも理解しつつ、安全なものを選び、使うようにしましょう。

フクロモモンガに必要な用品リスト

- ☐ ケージ（金網ケージ・アクリルケージ）
- ☐ 寝床（巣箱・寝袋）
- ☐ 止まり木・ステージ
- ☐ 食器
- ☐ 給水ボトル
- ☐ 床材
- ☐ キャリーケース
- ☐ 体重計
- ☐ 温湿度計
- ☐ 季節用品（ペットヒーターなど）
- ☐ 遊び用品（回し車など）
- ☐ 衛生用品（除菌消臭スプレーなど）

本来は樹上の巣穴に暮らすフクロモモンガ。木の洞を再現させた寝袋ポーチや巣箱、木の枝を模した止まり木やぶら下がって遊ぶおもちゃなどを高さのあるケージに設置して、家庭での住まいに野生の暮らしのエッセンスを取り入れてあげましょう。

ケージ

フクロモモンガの「家」となるのがケージです。部屋に出して遊ばせる時間を長くとれるとしても、フクロモモンガが多くの時間を過ごすのはケージの中です。さまざまなタイプから、よりよいものを選びましょう。

選び方のポイント

飼育用品のなかで最も場所を占め、また、価格も高価なのがケージでしょう。ペットショップで使用している様子を見たり、実際に飼育している様子をインターネットで検索して見てみるなどして、わが家で使っている様子を具体的に想像しながら、よく検討して選ぶ必要があります。

● 高さがあること

金網ケージ、アクリルケージのいずれを選ぶ場合でも、樹上性であるフクロモモンガを飼うのに必要なのはまず「高さ」です。フクロモモンガはケージの中でも特に上のほうにいることが多いですが、「高い場所にいる」ということが安心感にもつながると考えられます。

● 広さがあること

ケージ内にさまざまな飼育用品を設置してもなお、ものからものへと飛び移ったりして十分に動き回れる広さがあるものを選びましょう。

多頭飼育するならより広いものが必要になります。独り立ちしたばかりの幼いフクロモモンガなら、最初のうちはそれほど大きなケージでなくてもいいでしょう。

● 理想的なケージのサイズ

「最低限このサイズ」という科学的根拠のある数字はありませんが、海外の情報では底面積60～70cm四方・高さ70～90cm（ペア飼育）や底面積91×61cm・高さ91cmなどと、かなり大きめのものが推奨されています。

そこまでは難しくても、できるだけ大きなものを選ぶようにしてあげましょう。どうしてもケージサイズが大きくできないなら、ケージから出して遊ばせる時間を増やすという方法もあります。

● 安全であること

フクロモモンガにとってケージ内は、安心して過ごせる安全な場所でなくてはなりません。脱走したり、はさまって動けなくなりそうな場所はないか確認してください。

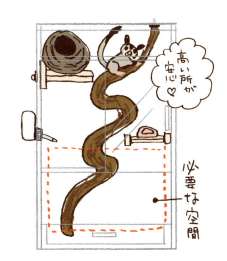

フクロモモンガの住まいに高さは必要。

ケージのサイズが大きいのはよいことですが、フクロモモンガやリス用、小鳥用ではないもの（大型インコ用やチンチラ用など）だと金網の隙間が広くて容易に脱走できることがあります。隙間の幅は、格子状の場合だと2.5×1.25cm以上開いていないものが推奨されます。隙間が広いケージを使う場合は、目の細かい金網を張るなどの対応が必要です。

● 扱いやすいこと

フクロモモンガは排泄物や食べかすでケージを汚しがちですから、時々はケージ全体を洗浄する必要もあります。そのさいには風呂場や庭など洗うための場所まで移動させねばなりませんが、あまりにもケージが重かったりすると移動させるのも手間になります。

奥行きがありすぎると奥のほうまで手が届かなくて掃除が行き届かないことはないかなど、世話がしやすいかどうかも考えてみるといいでしょう。

ケージのタイプ

フクロモモンガを飼育するケージには、金網タイプとアクリルケースの2種類があります。それぞれ長所と注意点があるので、よく理解したうえで選ぶといいでしょう。

● 金網ケージ

長所：種類が豊富です。フクロモモンガ用、リス用、鳥用など多くの選択肢があります。風通しがよく空気がこもらないので、夏には向いています。同じ大きさならアクリルケージよりも軽いことが多いでしょう。大きいサイズのものではキャスター付きもあり、移動に便利です。

注意点：食べたものや排泄物、床材などでケージ周囲が汚れることがよくあります。保温性が悪いので冬場は温度対策により気を遣います。長期間、使っていると錆びることがあります。

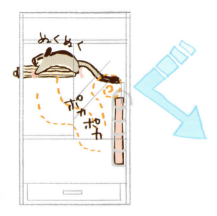

金網ケージは通気性がよく、アクリルケージは保温性が高いでしょう。

●アクリルケージ

長所：近年、フクロモモンガ用として人気があります。保温性にすぐれています。食べたものなどが外部に飛び散らないのでケージ周囲を汚しません。ケース内部のにおいや鳴き声が外にもれにくいでしょう。中の様子がより観察しやすく、見た目も良好です。錆びる心配がありません。

注意点：フクロモモンガ用として、種類も増えていますが、金網ケージほど選択肢が多くはありません（大型爬虫類用なども視野に入れると種類は多い）。重くて移動しにくい場合があります。風通しが悪く、熱がこもりやすいので、夏場の温度管理に注意が必要です。排泄物の掃除などを怠ると内部が不衛生になります。

金網ケージ

「イージーホーム37ハイ」（三晃商会）
W380×D430×H610mm

「イージーホームハイメッシュ」（三晃商会）
W620×D505×H780mm（キャスターの高さ含む）

アクリルケージ

「フクロモモンガ用アクリル飼育ケージ」75Hi（NEXT♡Pure☆Animal-OEM）
※写真は「フクモモちゃんの小さな屋根」付き
ケージ：
W350×D350×H750mm
屋根：
H150mm

「アクリルルーム」
390High（GEX）
W400×D330×H710mm

生活用品

寝床（巣箱、ポーチ）

　安心して休息できる寝床を用意しましょう。リス用や小鳥用などの木の巣箱や、ココナッツの殻でできたハウス、また、フリース布などで作られたポーチ、寝袋などがあります。ケージ内にひとつだけ設置するなら高めの位置に、いくつか設置することができるならタイプの違うものを、配置を変えて設置するということもできます。多頭飼育している場合は、複数の寝床を用意するといいでしょう。

　いずれもフクロモモンガの排泄物などで汚れたり、においが染み付いたりしやすいものなので、複数を用意しておいて交換しながら使うといいでしょう。

　フクロモモンガの寝床というとポーチがよく使われています。布製なので色柄を楽しんだり、ハンドメイドできるのも魅力でしょう。ポーチはフクロモモンガを慣らすためにも使われます（62、124ページ参照）。

　ポーチは、フクロモモンガにとっては育児嚢の中にいるような安心感があるかもしれず、おすすめできるものですが、布製なので注意が必要です。かじったり、爪を引っ掛けてしまうこともあります。使い始める前に糸のほつれなどがないか確認し、使っている間も時々点検するといいでしょう。

ヤシの実を利用した寝床

布製の寝床

止まり木、ステージ

　食器を置いたり水を飲む生活スペースとして、また、ケージ内での行動にバリエーションをつけるためなどに設置します。高さや位置を変えていくつか取り付けましょう。

　止まり木の上でバランスをとりながら移動する、止まり木から止まり木へとジャンプするなど、本来もっている運動能力を少しですが発揮する機会になるでしょう。止まり木には太さや長さ、形、材質などさまざまな種類があるので、異なるタイプのものを設置すると変化があっていいかと思います。止まり木をつかんで移動するときに爪がこすれ、多少は爪の伸び過ぎを防ぐことができます。

　木製の止まり木やステージはフクロモモンガの排泄物や食べかすなどで汚れるので、時々取り外して洗うといいでしょう。

　ヤナギ、カシワ、クリ、ケヤキなどの枝が落ちているのを見つけたときや、流木を拾ったときは、自作の止まり木を作ることもできます。煮沸するか水に漬けたあと、十分に乾かして使いましょう。

　ステージは、食器などを置くなら大きめのものを使ってください。陶器製の食器を置くときは落として割ると危険なので、低い位置のステージに置くようにするといいでしょう。

木製のステージ

タイプがいろいろある止まり木

止まり木

スタンド型ステージ

食　器

　食器は陶器製、ステンレス製、メラミン製などで、ケージの側面にねじで取り付けるタイプと、置いて使うタイプがあります。置いて使うタイプの場合は、安定性がよくてある程度重みのあるものが倒しにくくていいでしょう。

　ケージ内の複数箇所に食べ物を入れた食器を置いたり、日によって場所を変えたりすると、食べ物を探すという行動をさせることができます。多頭飼育の場合は、皆がきちんと食べられるよう、複数の食器で与えるといいでしょう。

給水ボトル

　飲み水は給水ボトルで与えると衛生的ですし、飲んだ水の量もわかりやすくて便利です。金網ケージの側面に取り付けるものが一般的ですが、アクリルケージに取り付けるものや床置きタイプのものもあります。

　飲みやすい位置に取り付け、楽に飲めているかどうか確認しましょう。

　給水ボトルを使わずにお皿で与える場合は、ある程度深さがあって重みのある陶器製やステンレス製を使い、低い位置に置きましょう。排泄物や食べかす、床材などで水が汚れやすいので、こまめに水を取り替えるようにしてください。自動給水器や水飲みタンクを使う場合も同様です。

陶器製

メラミン製

給水ボトル

硬質プラスチック製

床置きタイプの給水器

床材

ケージの底には床材を敷き、排泄物などの汚れ、においの対策をしましょう。

広葉樹のウッドチップ、紙製のチップ、濡れても固まらないタイプのトイレ砂、安全性の高いトウモロコシの穂軸などを敷きつめたり、ペットシーツを敷くようにします。こまめに掃除できるなら新聞紙でもいいでしょう。

巣箱を使う場合は巣材を入れてあげましょう。野生下では木の葉などを巣材にしています。柔らかい牧草（チモシー3番刈りなど）や爪の引っかからないタイプのキッチンペーパーなどが使えます。フリースの布でもいいでしょう。ポーチにはなにも入れなくても問題ありません。

温湿度計

適切な温度・湿度管理のために温湿度計を用意しておきましょう。エアコンの設定温度や人が感じている室温と、フクロモモンガがいる場所の温度が異なることもあるので、実際にフクロモモンガがいる場所の近くに設置してください。

最高最低温度計があると、人の留守中でも温度変化がわかるので便利です。

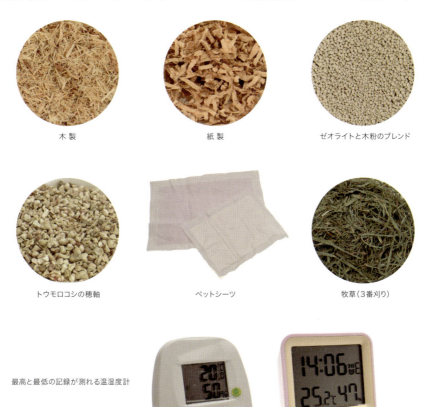

木製　　　紙製　　　ゼオライトと木粉のブレンド

トウモロコシの穂軸　　ペットシーツ　　牧草（3番刈り）

最高と最低の記録が測れる温湿度計

キャリーケース

　動物病院に連れていくなど外出するときや、ケージを洗うときに一時的に移しておくときなどに使用します。

　布製やプラスチック製の小動物用キャリーケースのほか、一時的なものなら透明なプラスチックケース（昆虫などの飼育に使うタイプ）でもいいでしょう。こうしたプラケースは、まだ慣れていないフクロモモンガを移動させるときにも使えますし、プラケースを下からのぞけば腹部の観察もできるので、ひとつ用意しておくと便利です。

　また、夏場には風通しのいいタイプ（小型の金網ケージやメッシュ部分が大きいものなど）を、冬場には布製でも冷気が入り込まないタイプやプラスチック製を使うなど、季節によって使い分けることもできます。

プラスチック製

金網ケージ

布製のショルダーバック

仲良くなるためのポーチ

　フクロモモンガは飼い主のにおいを覚えることで慣れていきます。首から下げられるポーチがあると便利です。

体重計

　定期的な体重測定は健康管理の基本のひとつです。体重計を用意しておきましょう。0.5～1g単位で測れるデジタル式のキッチンスケールが便利です。プラケースにフクロモモンガを入れて測ることを想定しても最大計量1kgあれば足りるでしょう。

体重計として使う
キッチンスケール

季節用品

⚫ ペットヒーター

フクロモモンガは寒さが苦手ですから、ペットヒーターは必需品といえます。さまざまな種類があるので、フクロモモンガの飼育スタイルに応じて選んでください。

ケージの高い位置にいることの多い動物なので、壁や天井に取り付けるタイプが最も適しています。ケージ内の床に置いたり、ケージ外の底に敷くタイプは、あまりケージの下部に降りてこないフクロモモンガには向いていませんが、幼い個体を小さいケージで飼育しているときなどは便利です。

ケージ上部にとりつけたステージ上にペットヒーターを置く場合は、ヒーターが落ちないよう注意してください。

ペットヒーターを購入したら、実際にケージ内で使う前に電源を入れて、どの程度の温度になるのか確かめておきましょう。使い始めたら温度計でケージ内の温度を確かめてください。特にアクリルケージは保温性が高いので、暑くなりすぎることがないかチェックしてください。ヒーターに温度調節機能がついていないものはサーモスタットを使って温度管理しましょう。

アクリルケージでペットヒーターを使う場合には、ケージ内には温度勾配ができるようにしてください。ヒーターで暖かくなっている場所とそうではない場所を作ることで、フクロモモンガは自分が快適だと感じる場所を選ぶことができます。

⚫ 冷却ボード

天然石やアルミの冷却ボードは、暑いときに使うことができます。落下しないよう床の上か、低い位置に取り付けたステージの上に置くようにしましょう。

ケージ側面に取り付けるヒーター
床置きヒーター
サーモスタット
ケージ内側の天井に取り付けるヒーター
天然石やアルミの冷却ボード

遊び用品

　フクロモモンガは活発で好奇心旺盛、遊ぶのが大好きですから、ケージ内に遊び用品を置いてあげるといいでしょう。止まり木やハンモックも遊び場所になります。

　回し車には床に置くタイプとケージ側面に取り付けるタイプがあります。直径が小さすぎるものだと背中を痛めるなどトラブルのもととなります。大人のフクロモモンガなら直径25cmくらいのものが適しています。足場は一枚板になっているかメッシュ状のものを選びましょう。はしご状だと足を踏み外してケガをすることがあります。

　ケージ内に吊り下げておくおもちゃもいろいろな種類があります。メッシュトンネルは上り下りを楽しむことができるでしょう。鳥用やウサギ用の吊り下げるおもちゃは、ぶら下がったり、かじったりして遊ぶことができます。

　犬猫用のおもちゃなども使えますが、遊んでいるうちにかじって飲み込んでしまいかねない小さいパーツがついているものや、爪を引っ掛けやすいものなどもあるので注意して選びましょう。

【ハンモック】

【吊るすおもちゃ】

【回し車】

金属製　　　　　　　　　プラスチック製

そのほかの用品

● 衛生用品

フクロモモンガを病気にしないためにも、飼い主の暮らしを快適にするためにも衛生管理は大切です。ケージ掃除をするさいにはペット用の除菌消臭スプレーを使用するといいでしょう。

におい対策には空気清浄機や脱臭機を使う方法もあります。

● ナスカン

フクロモモンガは前足でものをつかむことができて器用なので、ケージの扉の開け方を覚えて、脱走することがあります。扉の形状によってはナスカンを使うことができます。

● 革手袋

慣れていないうちは強く噛み付いてくることがあります。いずれ慣れてきますが、噛まれることが怖くて不安な気持ちで接すると、フクロモモンガのほうも不安になって噛んでくることもあります。そのため、慣れていないフクロモモンガの体をもつ必要があるときには、革手袋を使うという方法もあります。薄手のものが使いやすいでしょう。

● ピンセット

フクロモモンガには虫を与えることがよくあります。虫を触りたくないという場合にはピンセットを使うと便利です。先端が尖っていないものを使ってください。爬虫両生類に虫を与えるための竹製のピンセットもあります。

除菌消臭剤

加湿脱臭機

ナスカン

革手袋　　　竹製ピンセット

ケージのセッティング

Chapter 3 フクロモモンガの住まい

　金網ケージでフクロモモンガを飼育する場合のセッティングの一例をご紹介します。アクリルケージの場合も基本的には同様です。実際に飼育を始めたら危険な場所はないかを観察し、個体差による好みも考慮しながら安全な住まい作りをしましょう。

寝床
高い位置に取り付けます。タイプの違うものをいくつか付けるといいでしょう。

給水ボトル
飲みやすい位置に付け、実際にうまく飲めているか確認して必要なら微調整を。

おもちゃ
複数あっても楽しいですが、ケージ内のスペースも考えながら設置を。

ステージ
段差をつけて取り付けましょう。

寝床
（高い位置に設置）

食器
置くタイプの食器は落下しないよう低めの位置に。側面に取り付けるタイプなら高い位置でもいいでしょう。

止まり木
落ちたり外れたりしないように取り付けましょう。

ステージ

ナスカン
脱走防止のために必要に応じて扉に取り付けます。

床材
ウッドチップなどの床材をケージの底に敷いておきましょう。

温湿度計
フクロモモンガが暮らすケージ内の温度がわかる場所に設置します。

ケージの置き場所

Chapter 3
フクロモモンガの
住まい

　ケージはフクロモモンガが快適に暮らせる場所に置きましょう。家庭によって置き場所の事情は異なりますが、フクロモモンガにとっても人にとってもよい置き場所を見つけてあげてください。

＊＊＊

- ☐ 適切な温度管理がしやすい場所が適しています。極端な暑さや寒さ・湿度、寒暖の差が激しい場所は避けてください。
- ☐ 窓の近くは不適当なことが多いでしょう。朝晩での温度差が大きかったり、夏場の直射日光は熱中症のおそれがあります。
- ☐ 一日の中で、明るい時間と暗い時間がきちんととれる場所に置きましょう。本来は、昼間は明るく、夜は暗いのがベストですが、夜は一緒に遊ぶ時間でもあるでしょう。遊び終わっても部屋が明るいならケージに布をかけるなどして暗くし、一日中ずっと明るかったりずっと暗いということがないようにしてください。明暗の周期がきちんとしていることは、体内時計や恒常性の維持、ホルモンバランスを維持するためにもとても大切です。
- ☐ 大きな騒音や振動のない場所に置きましょう。通常の生活音は問題ありませんが、あまりにも大きな物音はたてないようにしてください。人には聞こえない高周波も感知できるので、電子機器や家電製品の近くは避けたほうがいいかもしれません。
- ☐ 風通しのいい場所に置き、部屋の換気も心がけます。ただし、ドアの開閉のたびに冷たいすきま風が入ってくるような場所は避けてください。また、エアコンからの送風がケージに直接当たらない場所に置きましょう。
- ☐ フクロモモンガの嗅覚が鋭いことに配慮し、化学薬品などの刺激的なにおいや、犬猫、フェレットなどの捕食動物のにおいがしないことにも気をつけましょう。
- ☐ 人の生活への配慮も必要です。フクロモモンガは夜中に活発で、回し車の音や鳴き声がうるさいこともあるので、睡眠を妨げないような場所に置きましょう。また、ケージ周囲を汚しがちなので、汚されたくない場所にはケージを置かないのがよいでしょう。
- ☐ 目が届く場所に置きましょう。フクロモモンガも人の暮らしに慣れやすいですし、体調変化にいち早く気づくこともできます。
- ☐ 落ち着いて過ごせる場所に置きましょう。部屋の中央部のようにいつも四方から人の気配がするような置き場所ではなく、壁に沿って置くといいでしょう。

ケージの設置場所は隙間風の入る場所を避けよう。

わが家の工夫【住まい編】

フクロモモンガの住まいを快適なものにしようと、試行錯誤して自分なりの方法にたどりついた飼い主さんの工夫をご紹介します。

CASE 1 （Eryndilさん）

ウェットフードに小バエが集まりやすいので、防虫対策を兼ねてユーカリの止まり木を使っています。樹皮を剥いでストレス解消にも役立っているようです。ユーカリの止まり木は、木工芸を趣味としている鳥好きな友人に依頼して作ってもらっています。

CASE 2 （sakura.2310.nさん）

ケージは三晃商会のイージーホーム37ハイで統一。下部のプラスチックを外し、網の部分だけを吊るして使用しています。ケージの下は床から15cmくらい開けて、床にはプラベニアを敷き、ペットシーツを乗せています。掃除のときはプラベニアごと引き出し、ペットシーツを取り替えます。

ケージの底面の網と側面の網は結束バンドで結び、すき間のないようにしています。稀に宙に吊るして使用していると、ケージ自体の重さで底面だけでなく、他の繋ぎ目にもすき間ができてしまうので、その部分も結束バンドで結び、定期的に点検することを心がけています。

上段ケージには2歳の活発な男の子、下段右側は2歳のおっとりした女の子、下段左側は1歳のおてんばな女の子。そのため回し車を扉正面に付けています。共通して入っているのは木製コーナーステージです。ここはトイレ兼食事処となっています。入口の左側に給水器。食事は、朝は扉に付けたフード入れに、夜はステージの下にお皿を置いています。

CASE 3 （マフラーさん）

たまにレイアウトを変えています。飼育グッズは、お店で使えそうだと思ったらつい買ってしまいます。なるべく木製のものを置いています。うちの子はオスなので特有のにおいがあり、テーブルクロスを使ってカバーを作り、かけています。

寝床は手作りポーチを使っています。北国で寒いので、ペット用ヒーターはつけっ放しです。冬もストーブはつけたままです。

CASE 4 （ちこさん）

使用しているケージは縦長タイプです。下部にはサイレントホイール25（回し車）とフード入れがあります。フード入れの上には、おしっこがかからないようにステージを設置してあります。水飲みは小鳥用の直飲みタイプのもの。中までしっかり洗えるので衛生的です。反面、ゴミやおしっこが入りやすいので、ケージの上部に設置しました。

寒い時期はサーモスタットと暖突（ペットヒーター）で暖をとっているので、温度調節が自分でもできるよう、ヒーターの真下と少し離れた場所にもうひとつポーチをつけています。

ケージの外に食べかすが飛んだりするので、ケージの下側はダンボールで覆い、側面は100円均一で購入したシャワーカーテンを切って巻いています。汚れてもすぐ洗え、乾かす手間もほとんどないので手入れが楽です。

CASE 5　（poohkotaoさん）

　リス用の高さ90cmのケージを使用。写真のように囲いを作り、そこに入れています。夏は薄手の生地で作った巾着を、冬は、もこもこ毛糸で編んだポーチをお家にしています。高いところが好きなので、ポーチやステージ、ごはんを食べる棚を上の方に設置しています。床はペットシーツを使っています。小さいときはペットシーツをかじったことがありましたが、大人になってからはかじらなくなりました。

イレクターというパイプで枠を作り、ダンボールを貼り、囲いを作ります。

囲いにケージを入れた状態。

食べかすが飛び散らないように、ケージの3面をPPシートで囲い、ダンボールで下半分を囲っています（夜はこの状態）。

冬は、イレクターの周りを、使わなくなったこたつ布団、こたつの中掛けか、ダブルサイズのフリース毛布で囲います。

さらに真冬は一畳用のホットカーペットをケージ前面に立てています（24時間タイマーで電源の入・切を管理）。

CASE 6 （buiyonさん）

フクロモモンガはおしっこを飛ばす習性がありますが、全面に壁をつけると通気性が悪いので、前面と背面にアクリル板がついたバードケージを主に利用。寝床用のポーチは自身で制作しています。

CASE 7 （えりーぜさん）

ケージはGEXのアクリルルーム390highを使用。布製品(ポーチなど)は使う前に数日間寝るときに布団に入れたり、脱いだ服に包んだりして自分のにおいが移るようにしてから使います。ポーチなどの洗濯は、人間の赤ちゃん用の洗剤や柔軟剤を使っています(香料無使用のナチュラル系)。

CASE 8 （出口喜久代さん）

マンション住まいなので音が出ないようにローボード(IKEAで購入)の上に消臭マットを敷き、ケージを置いています。

ローボードの下にはおやつやお世話グッズが入っています。左下のプラスチックのケースはミールワームです。5年前から繁殖させています。寒くなってきたので、今は1ケースですが春から夏にかけては3ケースにパンパンにミールワームが入っています。

ケージ内の小物ですが、ハウスをかじったりして遊ぶので、ハウスとポーチの両方を備えています。

CASE 9 （ちゅんちゅんさん）

あまり物があると動きにくくなるかなと思ったので、あまりごちゃごちゃ物を置きすぎないようにしています。掃除をしやすくするためにケージの下には新聞紙やチラシを敷くことが多いです。また、まるまる囲ってあるわけではないのですがプラダンを3面に立てています。排泄物や食べかすなどで壁を汚したりすることを防ぐ

ため。あとはあわよくば少しの防寒と防音になるといいなと。冬期は念のため、防寒用にそれぞれのケージを包もうか検討中です。夏と冬は24時間エアコンつけっぱなしなので、暑すぎたり寒すぎたりはないと思います。

CASE 10 （ゆかさん）

最近は、釜飯が入っていた陶器にポーチを入れたものがお気に入りです。

CASE 11 （まひろさん）

床網の上に新聞紙を敷き、お皿からフードや副食が下に落ちて食べられなくなることを防いでいます。床の1/3にはフリースの布を敷いて、その上に半分に切ったティッシュボックス置き、この中に寝袋を入れています。ハンモックや、ココハウス、ポーチには見向きもせずに、床置きの寝袋にしか入りませんでした。寝袋を好むので、床が汚れて寝床が汚れないようにこまめに床のフリースのマットの洗濯と、寝袋の洗濯をしています。

最近は、環境に慣れたのか、吊るしているポーチにもたまに入るようになりました。

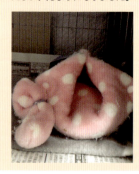

Chapter 4

フクロモモンガの
食事

フクロモモンガの食事を考えよう

野生では何を食べているの？

　フクロモモンガに与える食べ物を考えるとき、まずは野生下ではどんなものを食べているのかを知ることが必要です。1章で説明したように、野生のフクロモモンガは雑食性で、植物質と動物質を季節によって食べ分けていることがわかっています。植物質としては、ユーカリやアカシアの花や花蜜、ユーカリのガム（木の幹から分泌される粘りのある液体）、花粉、マナ（マンナノキの幹から取れる甘い樹液）などを、動物質としては昆虫（成虫、幼虫）、クモ、鳥の卵、小さな鳥やげっ歯目、トカゲなどの小さな生き物や、蜜を食べる昆虫の分泌物などを食べます。

フクロモモンガに必要な栄養

栄養の基本

　動物は、生きていくために必要な栄養を、ものを食べることで体に取り入れます。食べたものは体内で消化・吸収され、代謝によって体内で働く形に合成・分解されて、エネルギーになったり、体を構成する成分や生理機能を調整する成分などの材料になります。

　栄養には、エネルギー源となるタンパク質・炭水化物・脂質（3大栄養素）や、エネルギー源にはならないものの、動物が生きていくために欠かせない働きをするビタミン・ミネラル（5大栄養素）があります。

　タンパク質は、筋肉や皮膚、被毛など体の組織の材料になったり、血液や酵素、ホルモン、免疫物質に関与するなどの働きがあります。エネルギーが不足したときはエネルギー源として使われます。

　炭水化物は糖質と繊維質に分けられます。糖質は主要なエネルギー源です。繊維質は動物がもつ消化酵素では分解されず、腸内細菌の働きによって分解されます。消化管内の環境を正常に整える役割などもあります。

　脂質は効率のよいエネルギー源で、タンパク質や炭水化物の約2.25倍の効力があります。生体膜や神経組織などを構成したり免疫物質を作る、脂溶性ビタミンの吸収を高めるなどの大切な役割をもっています。

　ビタミンには生体機能や代謝を助けるなどの役割があります。脂肪に溶ける脂溶性ビタミン（A、D、E、K）と水に溶ける水溶性ビタミン（B群、C）があります。ミネラルには体の器官や組織の構成要素となるなどの役割があります。体内にある量によって主要ミネラル（カルシウム、リンなど）と微量ミネラル（鉄、亜鉛など）に分けられます。

毎日の食事はおいしく楽しく食べたいもの。

フクロモモンガと栄養

●カルシウムとリンのバランス

主要ミネラルであるリンにはカルシウムの吸着を阻害する働きがあります。また、リンが多すぎると血中でのバランスを取るために骨組織からカルシウムが溶け出し、骨がもろくなってしまいます。カルシウムとリンの比率は1〜2:1が理想的です。食べ物のなかにはカルシウムよりもリンを多く含むものが多いので、極端にバランスが悪くならないよう気をつけましょう。

●ビタミンD不足による
　カルシウム不足の可能性

カルシウムが骨に吸着するのに欠かせないものがビタミンDです。

ビタミンDには植物質に由来するビタミンD_2、動物質に由来するビタミンD_3があります。ビタミンDが不足するとカルシウム不足になるおそれがあります。

ビタミンDの前駆物質プロビタミンDがビタミンDに変わるためには紫外線を浴びる必要がありますが(人など霊長類や爬虫類)、フクロモモンガは夜行性で紫外線を豊富に浴びる機会がほとんどないため、フクロモモンガの紫外線の必要性についてはよくわかっていません。

●過度な糖質や脂質に注意

飼育下のフクロモモンガには肥満の個体もよく見られます。痩せすぎておらず、しっかりした体格をしていることは大切ですが、過度な肥満は避けなくてはなりません。

野生下のフクロモモンガが消費するカロリーは182〜229kJ(約43.5〜54.7kcal)で、体重の17％に当たるとする調査があります。ただし野生のフクロモモンガは栄養価の高いものを食べていても、食べ物を探し回ったり、採食する場所のなわばりを守ったりしてエネルギーを消費しています。

ところが飼育下では運動量が少ないうえ、高カロリーなものばかり食べているというケースが多いのです。野生下のフクロモモンガの消費カロリーよりも多くのカロリーを与えたり、糖分や脂肪分の多いものを過度に与えすぎると肥満の原因になるので注意が必要です。

仲良く分け合って食べているね！

フクロモモンガの基本の食事

飼育下の食事はどう考える?

ペットのフクロモモンガに与えるべき食事については、まだ「決定版」といえるものはないのが現状です。これまでに積み重ねられた情報を参考にしつつ、そのフクロモモンガの健康状態を見ながら加減することが必要になります。

野生下と同じものを与えるのは理想かもしれませんが現実的ではありません。手に入りやすい食材のなかから、動物質か植物質か、栄養価、食べ物の形状なども考えながら選ぶのがいいでしょう。フクロモモンガが野生下で食べているものを平均すれば動物質と植物質は半々くらいかと考えられるので、飼育下でもそのバランスを基本にするといいでしょう。

フクロモモンガの基本の食事例

フクロモモンガに与える基本的な食事内容の一例としては、主食としてフクロモモンガ用ペレットを、副食として動物質・植物質の食材を与えるというものです。これをベースに、個々のフクロモモンガがバランスのいい食事を食べることができるよう工夫するといいでしょう。

【食事の総量】

フクロモモンガの食事の総量は、主食と副食を合わせて、体重の15〜20%を目安とします(体重120gなら18〜24gくらい)。

わが家の工夫 【食事メニュー編】❶

皆さんのフクロモモンガの食事メニューを教えてもらいました。個体によって合う、合わないはありますが、お家の子の食事のヒントにしてみてはいかがですか。90ページと95ページ以降でも紹介しています。

うちの子はくだもの好き (ぺたろーさん)

食事メニューは、モモンガフード、モンキーフード、果実、乾燥豆腐、雑穀、乾燥コオロギ、モモンガミルク、犬のおやつなどです。

ペレットに動物食をプラス (なっちぃさん)

メインで与えているのは、グローバル(pet-pro)、リスハムフード(ピュア☆アニマル)、乾燥ミールワーム(Anery)、オッティモ15(zicra)です。ときどきフクロモモンガテイストプラス(NPF)なども与えます。ほかに煮干し(または、きびなご)、活きコオロギ、活きミールワーム、活きハニーワームなども与えています。写真は1匹の量です。

【主　食】

品質のよいフクロモモンガ用ペレットを選びましょう。与える量はそれぞれの商品に記載されている規定量を与えます。

【副　食】

一度に与える動物質・植物質の食材の種類は、それぞれ3〜4種類ほどが目安です。与えるメニュー数としてはできるだけ多く、見つけておくといいでしょう。食事内容にバリエーションを付けることができます。

【動物質と植物質のバランス】

食べているもの全体のうち、動物質・植物質が半々くらいになるのが目安です。ペレットの主原料も確認しながら副食でバランスをとりましょう。

植物質が主原料のペレットを与えている場合は動物質の副食を多めの割合にしますが、主原料が動物質のペレットでもつなぎとして穀類など植物質を加えているので、副食としてはやはり動物質の割合を多めにするといいかもしれません。

また、植物質の食材のなかで果物や野菜は本来、フクロモモンガが主に食べているものではないので、全体の10％以下にしたほうがいいともいわれます。

【バランスの考え方】

一日の中で動物質と植物質のバランスがとれているのがベストですが、もともと季節によって食べているものに偏りのある動物です。動物質に比重のある日、植物質に比重のある日があってもいいでしょう。数日、あるいは1週間くらいの期間をトータルで見たときにバランスが取れていればいい、と考えることもできます（栄養性疾患などによって食事制限をしている場合は獣医師の指示に従いましょう）。

与える時間

フクロモモンガは夜行性なので、食事は夜、与えましょう。

起きたばかりでお腹が空いていそうなときに、あまり好まないが食べてほしいものを与える、太りがちな個体なら少し運動時間をとってから与える、起きてきてすぐに大好物を与えてコミュニケーション強化に役立てるなど、与えるタイミングはさまざまに考えられるでしょう。

いずれの場合も、夜に与えた食事の食べ残しは、翌朝には必ず取り出して捨ててください。

おやつも栄養補給の大事な機会。

フクロモモンガの主食: ペレット

フクロモモンガ用のペレットは、国産品、輸入品を問わず数多く販売されるようになっています。ペレットはさまざまな原材料を混ぜて作られているため、バランスよく栄養を摂取することができるものです。

ただし、フクロモモンガ用として販売されているものすべてが主食に向いているわけではありません。信頼のおけるメーカーや信頼できるペットショップが扱っているもの、フクロモモンガをよく診察している獣医師が推奨するものを選んだり、与えている飼い主の意見などの口コミも参考にするといいでしょう。

●数種類のペレットを与える

同じペレットでも、原材料の仕入先が変わるなどの変化があると食べなくなることがありますし、製品が廃番になる、輸入されなくなるといったことも起こりえます。日頃からさまざまなペレットを食べられるようにしておくことはリスク管理にもなりますから、数種類のペレットを与えるようにしておくとなにかと安心です。

●ペットフードの安全性

ドッグフードやキャットフードを犬猫に与える場合には、フードの信頼性や安全性、パッケージへの表示の規定は「ペットフード安全法」という法律や、ペットフード公正取引協議会による「ペットフードの表示に関する公正競争規約」という業界ルールで定められていますが、フクロモモンガ用ペレットはその対象ではありません。ただし日本国内でペットフードを扱うメーカーのほとんどはペットフード公正取引協議会に加入しています。ペレットを選ぶさいのひとつの目安にはなるでしょう。

●主食にはペレットのみのものを選ぶ

主食として与える場合は、ペレット以外にフルーツなども入っているミックスタイプではないものを選びましょう。ミックスタイプだと好きなものばかり食べ、ペレットを食べ残すことがあるからです。与えるなら、ペレット以外のものをいったん取り分け、ペレットをきちんと食べたことを確認してからおやつとして与えるなど、肝心のペレットをしっかり食べさせる工夫をしてください。

選び方のポイント

- □ 原材料の表示があること。「ペットフードの表示に関する公正競争規約」では、原材料はすべてを、重量の割合の多い順に記載するルールになっています。
- □ 成分表示があること。前記規約ではタンパク質、脂質、繊維、灰分、水分を表示するルールになっています。
- □ フクロモモンガの栄養要求量はわかっていませんが、タンパク質は最低でも24%とする報告があります。(ペレットのタンパク質が低い場合は副食で補います)
- □ 賞味期限や消費期限が記載されていること。
- □ 主食として与える場合は、ミックスタイプではないものを選ぶこと。

フクロモモンガ用ペレット

フクロモモンガ専用のペレットは国産品、輸入品など多くの種類が販売されています。主なものを紹介します。

HappyGlider

Honey 'N Nectar　　　　Honey 'N Peach
（Pet-Pro）　　　　　　（Pet-Pro）

メディ モモンガ　　　　　　フクロモモンガレシピ
（ニチドウ）　　　　　　　（マルカン）

Happy Glider Supreme Blend
(Pet-Pro)

Happy Glider GLOBAL
(Pet-Pro)

Marion フクロモモンガフード
(Marion)

フクロモモンガセレクション
(イースター)

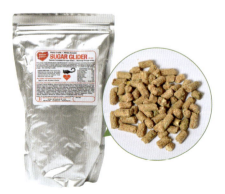
フクロモモンガフード
(Brisky Pet Company)

フクロモモンガフード
(三晃商会)

● パウダータイプ・クラッシュタイプ

　ペレットと同じような原材料や成分で、粉末状、あるいは砕いたタイプの主食です。水などで溶いて与えたり、ペレットを好まない個体の食事にふりかけて与える、手作りフード(87ページ参照)を作るときに加える、幼い個体の離乳食に加えるなどさまざまな方法で利用できます。

クラッシュフード
(ジャングル・キング)

フクロモモンガSP
(ジャングル・キング)

● そのほかのペレット

　フクロモモンガ専用ではありませんが、食虫目動物用のペレットはフクロモモンガにも与えることができます。

insectivore-fare
(Exotic Nutrition Pet Company)

INSECTIVORE DIETフード
(Brisky Pet Company)

フクロモモンガの副食

動物質の食材

　手に入りやすい動物質の食材には、ミールワームやコオロギがあります。生き餌、乾燥タイプ、生タイプなどがあるので、与えやすいものを選ぶといいでしょう。また、まだ若い個体には脱皮したばかりの柔らかいミールワームや週齢の若いコオロギを与えるなど、食べやすいものを選ぶこともできます。ほかにも市販されている昆虫類にはジャンボミールワーム、ワックスワーム、シルクワーム、デュビアなどがあります。

　生き餌は、虫を探して食べるという野生下での習性を再現させることができるので、環境エンリッチメントとしては好ましいですが、そ

グート・エッセン
(P2 & Associates Inc.)

ミールワーム
（生き餌）

ミールワーム
（生タイプ）

ミールワーム
（乾燥）

コオロギ
（生タイプ）

コオロギ（乾燥）

ミールワーム（乾燥）と
コオロギ（乾燥）のミックス

シルクワーム
（生タイプ）

のまま与えるとカルシウムとリンの比率など栄養バランスが悪いので、栄養状態をよくしてから与えるようにしてください（88～89ページ参照）。

ほかにはピンクマウス、ペット用煮干し、ペット用ミルクなどがあります。ペット用ミルクは乳糖の少ないもの、たとえばヤギミルクなどがよいでしょう。

昆虫類やピンクマウスなどは、爬虫類専門店などでも扱っています。

犬や猫、フェレットなども飼っているなら、それらのペレットも動物質の補給に与えることができます。犬用の手作りフード食材を扱っている店でも動物質のさまざまな食材が手に入ります。

人も食べる食材のなかでは、肉類（脂肪の少ないもの。ササミ、赤身肉、レバー、ハツなど。いずれもゆでたもの）、ゆで卵、カッテージチーズ、ヨーグルトもメニューに加えられます。

デュビア（生き餌）

カッテージチーズ

ササミ

レバー

卵黄

ペット用煮干し

ドッグフード

植物質の食材

○野菜

ビタミンやミネラル、繊維質の供給源になります。流水でよく洗い、傷んだところは取り除いて与えましょう。キャベツ、ニンジン、セロリ、コマツナ、キョウナ、チンゲンサイ、サラダナ、カリフラワー、ブロッコリー、トウモロコシ、キュウリ、スプラウト(ブロッコリー、アルファルファなど)、パセリ、カボチャ、ラディッシュ、サツマイモ、トマト、カブ葉、ダイコン葉、クレソン、エダマメ、グリーンピースなどが与えられます。

サツマイモやカボチャ、ニンジンなどはふかすと(レンジでもOK)甘みが増します。マメ類は必ずゆでてから与えてください。

○果物

新鮮な果物はビタミンCなどのよい供給源でもあり、甘みが強いものは多くのフクロモモンガが好みます。旬の果物をフクロモモンガと一緒に食べるのも楽しいことでしょう。メニューとしてはリンゴ、バナナ、ベリー類(イチゴ、ブルーベリー、クランベリー、ラズベリーなど)、カキ、ビワ、サクランボ、グレープフルーツ、プラム、キウイフルーツ、オレンジ、ミカン、パパイヤ、モモ、マンゴー、ナシ、洋ナシ、プルーン、スイカ、メロン、イチジクなどがあります。

ただし、シロップ漬けの果物や砂糖をまぶしたドライフルーツなどは肥満の原因になるので与えないほうがいいでしょう。もし大好きだというなら、食欲がなくて他に食べてくれないようなときの秘密兵器として使ってください。

コマツナ

ゆでたマメ

イチゴ

キャベツ

リンゴ

バナナ

ニンジン

キウイフルーツ

また、柑橘類のなかでも糖度の高いものは好みますが、柑橘類は与えすぎるとお腹がゆるくなるものなので注意してください。ブドウは、犬や猫では急性の腎臓疾患を起こすことが知られているので「与えてはいけない」といわれています。フクロモモンガではそうした情報はありませんが、ブドウ以外の食材はたくさんありますから、わざわざ与えなくてもいいでしょう。

● そのほかの食材

手に入るなら、花蜜、花粉、アカシアやユーカリなどの樹脂といった本来食べているものを与えるといいでしょう。代用としては、品質のよいメープルシロップや蜂蜜などがあります。メープルシロップは蜂蜜よりもミネラルが豊富です。

ヒインコなどの花蜜食の鳥用に作られているローリーネクターをフクロモモンガに与えることもできます。（「ネクター」は花蜜のことです）。

豆腐は海外の飼育書でもフクロモモンガに与えるものとして掲載されることもある、良質な植物性タンパク源です。

ヒマワリの種やクルミの実などの種実類を好むフクロモモンガもいますが、もともと食べているようなタイプの食べ物ではないですし、脂肪分が多くて太りやすいので、大好物なら特別なときに与えてもよいですが、あえてメニューに加えなくてもいいものです。

ローリーネクター
（ラウディブッシュ）

アカシアガムの樹液

ビーポーレン
（ミツバチが花粉を集めて固めたもの）

天然樹液パウダー（左）、ブロック（右）

フクロモモンガ用の
ビタミン・ミネラル
補助剤

フクロモモンガに与える食べ物の栄養価

● ペレット

名称	タンパク質	繊維	脂質	Ca	P	備考
フクロモモンガ用フードA	30.0%以上	5.0%以下	8.0%以上	1.2%以上	0.8%以上	
フクロモモンガ用フードB	30.0%以上	5.5%以下	5.0%以上	1.0%以上	0.5%以上	
フクロモモンガ用フードC	28.0%以上	8.0%以上	9.0%以上	1.2%以上	0.8%以上	
フクロモモンガ用フードD	25.0%以上	5.5%以下	5.0%以上	1.0%以上	0.5%以上	
フクロモモンガ用フードE	31.5%以上	3.6%以下	3.5%以上	1.83-2.3%	1.16%以上	
フクロモモンガ用フードF	25.3%以上	5.7%以下	6.0%以上	1.1-1.7%	0.84%以上	
フクロモモンガ用フードG	28.0%以上	8.0%以上	9.0%以上	1.2%以上	0.8%以上	
食虫目用フード	20.00%以上	6.00%以下	7.00%以上	2.00%以上	1.00%以上	

● 動物質（昆虫など）

名称	タンパク質	繊維	脂質	Ca	P	備考
イエコオロギ	64.9%	9.4%	13.8%	0.14%	0.99%	
ミールワーム（成体）	63.7%	16.1%	18.4%	0.07%	0.78%	
ミールワーム（幼虫）	52.7%	5.7%	32.8%	0.11%	0.77%	
ピンクマウス	64.2%	4.9%	17.0%	1.17%	-	Ca:P比0.9〜1.0:1

● 動物質（100g中）

名称	タンパク質	繊維	脂質	Ca	P	備考
鶏ササミ（ゆで）	27.3g	0	1.0g	4mg	220mg	
ゆで卵（全卵）	12.9g	0	10.0g	51mg	180mg	
カッテージチーズ	13.3g	0	4.5g	55mg	130mg	
ヨーグルト（全脂無糖）	3.6g	0	3.0g	120mg	100mg	

● 植物質（100g中）

名称	タンパク質	繊維	脂質	Ca	P	備考
リンゴ（皮つき）	0.2g	1.9g	0.3g	4mg	12mg	
バナナ	1.1g	1.1g	0.2g	6mg	27mg	
ブルーベリー	0.5g	3.3g	0.1g	8mg	9mg	
キウイフルーツ（緑肉種）	1.0g	2.5g	0.1g	33mg	32mg	
マンゴー	0.6g	1.3g	0.1g	15mg	12mg	
ニンジン	0.7g	2.8g	0.2g	28mg	26mg	
ブロッコリー	4.3g	4.4g	0.5g	38mg	89mg	
トウモロコシ	3.6g	3.0g	1.7g	3mg	100mg	
カボチャ（西洋カボチャ）	1.9g	1.0g	0.3g	15mg	43mg	
グリーンピース	6.9g	7.7g	0.4g	23mg	120mg	

● ほか（100g中）

名称	タンパク質	繊維	脂質	Ca	P	備考
メープルシロップ	0.1g	0	0	75mg	1mg	
ローリーネクター	15.0%以上	0.5%以下	3.5%以上	1.1%	0.70%	
ヒマワリの種	19.9g	2.7g	56.4g	95mg	540mg	

手作りフード

フクロモモンガ用のペレットがない時代には、さまざまな食材を混ぜた手作りフードがフクロモモンガに与えられていました。

今でも、偏食がちな個体にはミックスフードを手作りして与えるのもいいでしょう。植物質や動物質の食材をミキサーで混ぜたものを与えます。まとめて作って製氷皿で凍らせておけば、いつでも与えることができます。与えるときは解凍してください。

オリジナルのミックスフードを手作りしよう。

参考：リードビーターミックスの作り方

もともとはフクロモモンガダマシ（別名リードビーターポッサム）のために考えられたものです。以前は、このリードビーターミックスと動物質の食べ物を半々くらいに与えるのがフクロモモンガの食事メニューの定番でした。

● 材 料：
- お湯 …………………… 150ml
- 蜂蜜 …………………… 150ml
- 殻をむいたゆで卵 ……………… 1個
- 高タンパクのベビーシリアル … 25g
- ビタミン・ミネラル剤 … ティースプーン1杯

● 作り方：
1. 容器にお湯を入れ、ゆっくり蜂蜜を加えながら混ぜる。
2. 別の容器で、ゆで卵の白身と黄身が均一になるようにつぶしながらよく混ぜる。
3. 1の半分を2に加えてよく混ぜる。残りの1を加える。
4. ビタミン・ミネラル剤とベビーシリアルの半分をよく混ぜてから、残りのベビーシリアルを加える。
5. 3と4を、かたまりがなくなるまで1分半混ぜる。
6. 1回に与える分ずつ小分けで冷凍しておき、解凍し与えることもできます。3日以内に使い切りましょう。

ミールワームを育てる

　ミールワームは手に入りやすく、フクロモモンガに与える昆虫としては定番です。ただし、買ってきたままでは栄養状態が悪く、また、カルシウムとリンのバランスもよくないので、しばらくの間は餌を与えながら飼い、栄養価を高めてからフクロモモンガに与えるといいでしょう。

1 プラケースを用意します。乾燥パン粉やオーツブラン、ペットフード（フクロモモンガ用、鳥用、餌昆虫用など）を砕いたものとカルシウム剤を混ぜ、床材として敷き詰めます。入れるミールワームの数にもよりますが、床材の厚さは3～5cm程度が目安。餌昆虫用のフードは、爬虫類専門店などで扱っています。

2 フタを必ず用意し、成虫が脱走しないようにしてください。ただし風通しを確保することも大切です。

3 販売されていたパッケージからミールワームだけを取り出して移します。ざるを使ってふるいにかけると楽です。

4 餌として、リンゴなどの果物やニンジンなどの野菜にカルシウム剤をふりかけたもの、フードをふやかしたものを床材の上に置いておきます。

5 餌は2～3日で取り換えます。脱皮した殻、死体も取り除きます。

6 そのまま飼い続けると3週間以内にさなぎになります。そのままにしておくと他の個体に食べられてしまうので別の容器に分けたほうがいいでしょう。さなぎになってから2週で甲虫になります。

7 ミールワームの成長を止めたい（幼虫のまま与えたい）ときは冷蔵庫に入れておきます。暖かい場所に置けば成長します。

育児中のフクロモモンガによい栄養補給。

生き餌のミールワームは栄養状態をよくしてから与えましょう。

コオロギを育てる

　コオロギもミールワーム同様に餌を与えて栄養価を高めてから与えましょう。与えるたびに購入するよりも、家庭で飼育し、増やしたほうがコストはかかりません。ただし、手間がかかる、鳴くのでうるさい、においがくさいと感じることがあるようです。たまにしか与えないなら市販のコオロギ（缶入りなど）を与えるほうがいいかもしれません。

1 プラケースか衣装ケースを用意します。底には新聞紙やキッチンペーパーを敷くか、土（ペット用や昆虫用）を浅く敷き詰めます。

2 コオロギが暮らす場所の面積を広くし、隠れられる場所を作るため、新聞紙や厚紙を蛇腹に折りたたんだりクシャクシャにしたものや、紙製の卵パックなどを置きます。

3 コオロギが脱走しないようフタを必ず用意しましょう。ただし風通しの確保も大切です。

4 餌として、餌コオロギ用のフードやキャットフード、野菜くずにカルシウム剤をふりかけたもの、煮干しなどを小皿に用意します。餌コオロギ用のフードは爬虫類専門店などで入手できます。

5 コオロギには水分の用意も必要です。水の入った容器をそのまま入れるとおぼれてしまうので、水をひたしたスポンジやガーゼを小皿に用意します。

6 プラケースは、温度25℃程度（寒い時期は保温をする）、風通しのいい場所に置きます。

7 食べ残した餌、脱皮した殻、死体は毎日取り除き、週に1回は床材を入れ換えてください。

8 増やしたい場合は、産卵場所として小さい容器に湿らせた土を入れたものをプラケースの中に置きます。

9 産卵したものをそのままにしていると食べられてしまうので、別の容器に移して孵化させたほうが効率的です。その場合、25〜30℃の温度にし、乾燥しないよう（しかし濡らしすぎないよう）、霧吹きをします。

10 孵化したら、成虫と同じようにして飼育します。脱皮を繰り返しながら成長します。

コオロギは購入するだけでなく、家庭で育てて増やすこともできます。

食生活のプラスアルファ

Chapter 4 フクロモモンガの食事

飲み水

毎日必ず新鮮な飲み水を用意します。水分の多い食事を与えているとあまり飲まないこともありますが、飲みたいときに飲めるようにしておいてください。与えた水を飲みきっていなくても、必ず毎日交換しましょう。

日本の水道水の水質基準は厳しいうえ、軟水ですから、水道水をそのまま与えても問題ありません。カルキ臭などが気になるようでしたら右記のような方法をとるといいでしょう。

- 浄水器を使う。カートリッジ交換やホース掃除をこまめに行いましょう。
- 湯冷ましを作る。やかんでお湯を沸かし、沸騰したらフタを開けて10分くらい沸かし続けます(換気扇も回しましょう)。その後、冷ましたものを飲み水にします。
- 汲み置きをする。口の広いボウルや(ゴミが入るのが気になる場合はガーゼなどでふたをする)、ペットボトルに水を入れ、日当たりのいい場所に丸一日くらい置いておきます。
- ミネラルウォーターを与える。ミネラル分の多い硬水と少ない軟水があります。フクロモモンガに与える場合は必ず軟水を選ぶようにしましょう。

わが家の工夫【食事メニュー編】❷

食欲がないときは粉末状のフードをふやかして
(のぶにぃ〜さん)

食欲がない、病気などのときはペレットと乾燥コオロギをミールで粉砕して粉末状にし、メニワンのベジタブルサポートのドクタープラスエキゾチックとモモンガミルクを混ぜたものをふやかし与えたりしています。

続いて普段のメニューも紹介します。メディモモンガ(ニチドウ)、フクロモモンガレシピ(マルカン)、フクロモモンガフード(三晃商会)、野菜グラノーラやフルーツグラノーラを混ぜたものを夜に1回与えています。ときおりジクラアギトのオッティモ15を混ぜたりしています。量は単独飼育の子で、コンビニ弁当のスプーン1杯半で10gくらい、一番数が多い群れに5杯あげていてだいたい50gくらいです。右の写真は、2匹の1回分の食事量です。

おやつについて考える

　人は食事とおやつを別に考え、適度に加減しておやつを食べたりしますが、フクロモモンガにとっては食事とおやつの区別はなく、ただひたすら「おいしいもの」を率先して食べていきます。

　そこで、フクロモモンガにその日に与える食べ物のうち、特に好きなもの、おいしいものを「おやつ」と考えるといいでしょう。その日のメニューから、おやつを分けておき、手から与えるなどコミュニケーションに役立てることができます。なにより、おやつの与えすぎでフクロモモンガを太らせすぎるのを予防することができます。

　フクロモモンガの大好物を把握しておきましょう。食欲回復や食欲増進、投薬に使うなど、さまざまな場面で活用することができます。また、ただ手から与えるだけでなく、あちこちに隠しておいて探させることもできるでしょう。

食べ物の保存

　ペレットは開封すると酸化やビタミン類の劣化が進みます。酸素、温度、光が劣化の原因になるので、開封後は乾燥剤を入れてしっかり密封しましょう。風通しがよくて日が差さない場所で保存するのがベストです。

　また、生の食材の保存方法は人の食べ物に準じます。冷蔵庫などで適切に保存しましょう。

新しい食べ物を与えるとき

　フクロモモンガにそれまで与えたことのない食べ物を与えるときは、いきなり大量に与えないようにしてください。腸内細菌叢（そう）のバランスが崩れて下痢をすることもあります。まずは少量を与えるようにしましょう。

　また、ペレットを新しいものに切り替えるときは時間をかけて慎重に行いましょう。急に変えると食べなくなることがあります。まず、現在与えているペレットを少し減らし、新しいペレットをその分、少しだけ加えます。そして、徐々にその割合を変えていくようにします。

　新しい食材を与えるようになったり、ペレットを切り替えたときは、便の様子や体重に変化がないかよく観察しましょう。

おやつにみかんをもらいました。

サプリメント

日々の食べ物だけで栄養バランスがとれていればサプリメントは不要ですが、偏食がちなフクロモモンガには総合栄養剤やカルシウム剤、ビタミンD_3製剤などのサプリメントを与えたほうがいい場合があります。カルシウム添加には「Rep-Calカルシウム」のビタミンD_3を含むタイプが、総合ビタミン剤としては「ネクトンS」(鳥用の総合ビタミン剤)や「ネクトン・フクロモモンガ」(ビタミンD_3を含む)などがあります。

サプリメントは過剰症にも注意してください。脂溶性ビタミン(A、D、E、K)は蓄積されるので注意が必要です。かかりつけの獣医師に相談しながら取り入れるといいでしょう。

与え方の工夫いろいろ

偏食への対応

フクロモモンガを飼育するうえでの大きな悩みのひとつが「偏食」です。野生下では季節によって偏ったものを食べていることを考えると、偏食なのもしかたがないのかもしれません。しかし飼育下では運動量がはるかに少ないので、フクロモモンガが好むものばかり食べさせていると肥満の原因になりかねません。できるだけバランスよく食べてもらう工夫をしましょう。

- フクロモモンガはもともと、乾燥している食べ物を食べる習性があまりないので、ペレットをお湯でふやかして与える。
- 大好きなものをうまく使う。もしペットミルクが好きなら、ふやかしたペレットにペットミルクをふりかけて与える。
- お腹が空いているタイミングで、あまり好まないが食べてほしいものを先に与える。
- 食材をミックスした手作りフードを与える(87ページ参照)。
- 与えられる食材のメニューをたくさん準備しておくようにして、日替わりでさまざまなものを与えてフクロモモンガの好奇心を刺激する。
- 与えてすぐに食べてくれないと心配になって好物を与えてしまいがちだが、食べてほしいものを食べてくれるまでは好物を与えない(食欲減退しているときなどは除く)。

偏食気味のフクロモモンガには工夫を。

食べ散らかしへの対応

フクロモモンガは食べ方に特徴があります。昆虫なら、内容物を吸い出して硬い外骨格を捨てたり、植物なら果汁を食べたあとで繊維質や皮を捨てたりします。ものをくちゃくちゃ食べたあとで食べかすをぺっと吐き捨てるため、食器やケージ周囲が汚れます。

そのため「グライダーキッチン」とも呼ばれたりする、フクロモモンガ用の食卓を用意する方法もあります。広さと深さのある密閉容器をひっくり返し、側面に穴を開けて出入口とし、蓋の部分に食器を置いたり、プラスチック製の飼育ケースを使ってもいいでしょう。

楽しく食べさせる工夫

フクロモモンガを退屈させないための工夫は、食生活でもさまざまに取り入れることができます。

もともと生きた昆虫を捕まえて食べている動物ですから、捕食させるという行動を取り入れるのもいいことです。

あったかくして食事中。

また、野生下では樹皮の下にいる昆虫を鋭い爪で引き出して食べているので、わらで編んだおもちゃの隙間に乾燥ミールワームなどを隠したり、ユーカリやアカシアの枝に穴を開けて隠したりして見つけさせるのもいいでしょう。こうした方法は、フクロモモンガが好むならペレットでも取り入れられます。

食べかすをペッと吐き捨てるのはフクロモモンガならでは。

食べかすが散らかるのを防ぐ"グライダーキッチン"。

与えてはいけないもの

フクロモモンガには安全だとわかっているもの、安心して与えられるものだけを与えてください。与えてはいけないもの、与え方に注意したいものは以下のとおりです。

【毒性があるもの】

- チョコレートのカフェインやテオブロミンが中毒の原因。嘔吐、下痢、興奮、昏睡などの症状が見られる。
- ジャガイモの芽や緑色になっている皮に含まれるソラニンが、神経麻痺や胃腸障害などの中毒を起こす。
- ネギやタマネギ、ニンニクなどに含まれるアリルプロピルジスルフィドの中毒で、貧血や下痢、腎障害などを起こす。
- 生のダイズには赤血球凝集素などの毒性がある。消化酵素を阻害する成分が含まれ消化が悪いので、与える場合は必ず加熱を。
- アボカドに含まれるペルシンという毒性成分により、嘔吐、下痢、呼吸困難などを起こす。
- バラ科サクラ属のサクランボ、ビワ、モモ、アンズ、ウメ、スモモ、アーモンド（非食用）の、熟していない果実や種子は、中毒成分アミグダリンを含む。嘔吐や肝障害、神経障害などを引き起こす。
- ピーナッツの殻に生えるカビは、猛毒のアフラトキシンを発生させる。強い発がん性が知られている。

【与え方に注意したいもの】

- ホウレンソウにはカルシウムの吸収を阻害するシュウ酸が多い。与えたい場合はシュウ酸の少ないサラダホウレンソウを。
- 牛乳に含まれる乳糖を分解できないため、下痢をすることがある。与えるなら、乳糖を調整してあるペット用ミルクを。
- 生卵や生肉は新鮮なものでないと、サルモネラ菌に汚染されている場合がある。与えるならゆでたものが無難。
- 腐敗やカビに注意。古くなった食べ物は与えず、食べ残しは放置せずに廃棄を。
- ゆでたササミなど加温したものは必ず冷ましてから、凍らせておいた手作りフードなどは常温にもどしてから与える。
- ケーキやクッキー、ポテトチップスなど人の食べるお菓子、調理済みの惣菜、加糖されたヨーグルトやジュース、コーヒーやコーラ、お酒などを与えない。

タマネギ

ナガネギ

ジャガイモの芽

チョコレート

わが家の工夫【食事メニュー編】❸

ペレットがあまり好きではないうちの子のごはん （やこさん）

　ペレットをあまり食べないので野菜や果物、動物性のタンパク質を夕方にあげています。果物もあまり好きではなく、野菜と果物をミキサーで混ぜてモモンガ用ミルクを加えてあげています。昼間はペレット、種子類、ドライフルーツなどを混ぜて置き餌にしています。写真は4日分のごはんの例です。

ササミ、ブルーベリー、コマツナ、ミキサーフード＋ミルク

ミニトマト、ブドウ、メロン、グレープフルーツ＋ミルク、ゆで卵＋クラッシュフード、スナップエンドウ

チンゲンサイ、豆腐＋ニンジン＋クラッシュフード、ミキサーフード＋ヨーグルト(無糖)

サツマイモ、チンゲンサイ、ゆで卵＋クラッシュフード、ミキサーフード＋ミルク

　トロトロのミルクやヨーグルトと混ぜているミキサーフードは、野菜・果物数種類・蜂蜜やパウダー樹液をミキサーにかけたものです。顎が弱くならないよう、ミキサーフードだけではなく固形のごはんも一緒にあげています。うちの子はタンパク質(卵、ササミ、豆腐)が大好きなので先にがっついて食べて、その後野菜やミキサーフードを食べます。

こちらは置き餌。フクロモモンガテイストプラスやドライフルーツ、ドライササミ等をミックスしたもの。たまに小動物用の煮干しやヤギミルクを固めたおやつなどでカルシウムを摂らせたりしています。栄養補助としてネクトンも与えたりしています。

朝ごはんはコーンとミルク、夜は変化をつけて　（ちゅんちゅんさん）

　朝ごはんはフクモモミルクとコーンです。夜ごはんは、ペレット+野菜+果物+おまけ+HPWコンプリート（液体ごはん）をあげています。ペレットは主にフクロモモンガフード（三晃商会）。数日ごとにメディモモンガ（ニチドウ）を少し混ぜ、その他、お試しで買ったものがあるときも少し混ぜたりします。野菜と果物は、コーン、インゲン、ニンジンと、そのときあるもの。おまけは豆腐、ジクラアギトのゼリー、エン麦、ソバの実、煮干し、鶏ササミジャーキー、かつお節、カリポリミルク、ぷちクロワッサン（マルカン）などを適当に。写真は3日分の夜ごはん2匹分の例です。これにそれぞれHPWコンプリートをあげています。

コーン、インゲン、ニンジン、サツマイモ、カキ、マンゴー、ミカン、フクロモモンガフード、グローバル、ぷちクロワッサン、アリメペット、煮干し、HPWコンプリート

コーン、インゲン、ニンジン、ミカン、サツマイモ、ブルーベリー、ナシ、フクロモモンガフード、メディモモンガ、グローバル、煮干し、カリポリミルク、つぶつぶdeモモンガ、ソバの実、HPWコンプリート

コーン、インゲン、ニンジン、豆腐、リンゴ、ブルーベリー、フクロモモンガフード、メディモモンガ、アリメペット、バナナチップ、鶏ササミジャーキー、HPWコンプリート

　みな、嫌いなものは残しますし、好きなものは完食しますし、それぞれ好き嫌いも違ったりします。普段は食べるものでも、大きさなどが気に入らないと食べません。

コーンと幼虫が好き。太りやすいので注意してます （poohkotaoさん）

　いつもの食事は、朝にフクロモモンガ用か小動物用のゼリーを1/3～1/2と、小動物用の乾燥エビかドライのコオロギをあげています。夜は、フクロモモンガフード（水でふやかして、1日おきにミルクを少々）、動物性タンパク質1種類、フルーツ2種類、コーン3粒、赤い野菜1種類、緑の野菜1種類、虫（自宅の栗から出てくる幼虫）、ミールワーム、ヨーグルトなどです。1日おきくらいに豆腐も食べています。フクロモモンガフードは水でふやかさないと食べません。写真は4日分の夜ごはんの例です。

豚肉（ゆで）、リンゴ、パプリカ（オレンジ）、カボチャ（ゆで）、コマツナの茎の下部分（ゆで）、コーン、メロン、幼虫、ヨーグルトが白いお皿に。もうひとつの食器は、フクロモモンガフード、モモンガミルクを水でふやかしたもの。

ゆで卵、コーン、幼虫、リンゴ、メロン、ブロッコリーの茎（ゆで）、ニンジン（ゆで）が茶色のお皿に。もうひとつの食器は、フクロモモンガフード、コマツナのペレット、インコ・オウム用ローリーネクターを水でふやかしたもの。

牛肉（ゆで）、パプリカ（オレンジ）、コーン、幼虫、カボチャ（ゆで）、リンゴ、ブドウ、ハクサイの葉（ゆで）、ヨーグルトが茶色のお皿に。もうひとつの食器は、フクロモモンガフードを水でふやかしたもの。

えびのしっぽ（ゆで）、コーン、パプリカ（赤）、ニンジン（ゆで）、幼虫、湯葉、リンゴ、カボチャ（ゆで）、コマツナの葉（ゆで）が白いお皿に。もうひとつの食器は、フクロモモンガフード2種類、モモンガミルクを水でふやかしたもの。

　うちの子は、必ず好きなものから食べ始めるので、幼虫、コーン、ヨーグルトか豆腐、肉か魚の順で食べます。それ以外は食べず、ごはんが足らないアピールをしてきます。でも、飼い主が寝るときにケージに戻し、食べ残しのお皿と、フクロモモンガフードのお皿を入れておくと朝にはきれいに食べてあるので、あきらめて食べているようです。とにかく太りすぎないように、量とメニューはいつも悩んでいます。

食べやすいように小さめに切ってあげています　（まひろさん）

　主食はどの日も共通して、三晃商会のフクロモモンガフードです。フードも副食も残すことを前提に多めに用意しています。少しずつ変化をつけていますが、家にある果物などを小分けに冷凍、冷蔵したものを傷まないように食べさせています。写真は4日分のごはんの例です。

フード、カキ、リンゴ、サツマイモ、ジャガイモ、鶏のササミ、ミニトマト1/4、ヨーグルト。ジャガイモは、あまり好きではなく残されやすいため、ヨーグルトの中に潰して混ぜてあります。まず、好きなものから食べます。ヨーグルトが好きで、ヨーグルトを食べてから、カキを舐めます。肉や果物は両手でつかんで食べます。

フード、カキ、リンゴ、サツマイモ、ジャガイモ、ニンジン、ミールワーム10匹、ヨーグルト。ニンジンもジャガイモと同じくあまり好きではないので、みじん切りにしてヨーグルトに混ぜます。少しだけ、何もかけないニンジンも混ぜてみました。ミールワームは解凍したものを早く食べて欲しいので、手渡しで食べさせます。ミールワームを食べるときはご機嫌な声を出しながら食べます。ニンジンとジャガイモのかけらを残すかと思っていましたが、しっかりと切ったのできれいに食べてくれました。

フード、カキ、ナシ、サツマイモ、ジャガイモ、ニンジン、イエコ（コオロギ）5匹、ヨーグルト。前日にニンジンのかけらも食べたので、今日はヨーグルトにニンジンを混ぜずに直接出しました。イエコは小さめなので5匹です。こちらも冷凍を解凍したので手渡しです。大きくないので、噛んだ後に残りを吐き出すこともありません。みじん切りにせずに用意したニンジンも少し残したものの、食べている様子を確認できました。

フード、カキ、ナシ、リンゴ、サツマイモ、ジャガイモ、ニンジン、ブロッコリー、鶏のササミ、ヨーグルト。ブロッコリーを細かく切ってあります。果物の近くに置いて甘さがうつるようにしてあります。手渡しで何か食べさせるとき以外は、ヨーグルトと果物から食べます。昨日ニンジンをそのまま食べて気に入ったようで、ニンジンも食べてくれるようになりました。ブロッコリーは果物の甘みがついたところのみ食べました。

週毎に3つのメニューをローテーション　（Eryndilさん）

　ドライフードを主食に野菜や果物などを副菜にしています。写真は3日分のごはんの例です。一日分のメニューに使う食材をそれぞれ透明な器に入れています。これらを混ぜ合わせると白いお皿(大)になります。白いお皿(小)にはペレットを入れていますが、ペレットは残しがちなので、粉ミルクとカルシウム剤をダスティング(ふりかけ)してから与えています。

カキ、リンゴ、クルミ、チーズ、トマト、カボチャ、ゆで卵、ピーマン、豆腐、ペレット。豆腐が木綿でなく絹だったせいか、みんな見事に豆腐を残されました…あとはペレット含め完食。

ヨーグルト、ニボシ、ニンジン、ブロッコリー、ヤングコーン、サツマイモ、オクラ、ソバ、バナナ、ドライフルーツミックス、モンキーフード。好物だらけのメニューのせいか見事に何も残りません。でも毎日同じメニューだと徐々に残すようになるのでローテーションがわが家の子たちにはベストなようです。

ミックスベリー、キウイ、コマツナ、トウミョウ、ミックスベジタブル、カリフラワー、ミルクペレット、くるみ、ゆでササミ、チーズ、ペレット。珍しくコマツナもトウミョウもちゃんと食べてありました。ササミでボリュームがあったせいか、微妙に少しずつ残ってました。

自家製トロトロごはんに果物・野菜をプラス （sakura.2310.nさん）

　夜ごはんは、トロトロごはん＋果物＋野菜を与えています。一回に4種類のトロトロごはんを作ります。上の写真はその内訳です。朝ごはんは、市販されている小動物のおやつなど4種類(動物性タンパク質・植物・乳製品・その他・合わせて重さ約20g)です。朝ごはんの一例は、カニカマ・ヒマワリの種・ヨーグルトドロップ・固形フードです。

❶ 固形フード 30g お湯 30ccでふやかす。卵殻パウダー ティースプーン半分、粉末コオロギ ひとつまみ、ハニースティック半分をすべて合わせておきます。固形フードは2種類です。

❶-1 固形フード(MAZURI)

❶-2 固形フード(zicra ottimo15)

❷ ゆでて皮をむいたカボチャ 5g、ゆでたブロッコリー 5g、ブドウ 10g、バナナ 10g

❸ ゆでたニンジン 5g、ゆでたブロッコリー 5g、皮をむいたミカン 10g、マンゴー 10g

❹ ミックスベジタブル 5g、ゆでた鶏ササミ肉 5g、ナシ 10g、リンゴ 10g

❺ ゆでたサツマイモ 5g、ゆでた鶏ササミ肉 5g、パイン 10g、メロン 10g

❶＋❷、❶＋❸、❶＋❹、❶＋❺ をフードプロセッサーで撹拌して、製氷皿に入れ、凍らせます。この量で3匹の2週間くらいをまかなえます。

夜ごはんの例：トロトロごはん＋サツマイモ＋リンゴ＋ナシ

もうひとつのごはんは、カットした野菜&果物です。冷凍で売っている物はそれを活用します。旬の物はなるべく食べさせてあげます。手で持ってちょっと大きいくらいに切り、製氷皿に入れ、冷凍しておきます。

夜ごはんの例：トロトロごはん＋トマト＋鶏ササミ＋リンゴ

PERFECT PET OWNER'S GUIDES

Chapter 5

フクロモモンガの 毎日の世話

基本的な日々の世話

世話をするのは楽しいこと

毎日の世話は、フクロモモンガの健康管理のためにも、ともに暮らす人の快適な環境作りのためにも大切なことです。

フクロモモンガに限らず動物を飼うということには、毎日の世話が必ずついてくるものです。飼育下におかれた動物は飼い主が世話をしなければ生きていくことができません。かわいい姿を眺めたり、一緒に遊ぶことだけを「いいとこ取り」するのでは責任ある飼い主とはいえないのです。

世話は面倒なことではなく、楽しいことでもあるはずです。食欲旺盛で食べ残しのない食器を片付けたり、掃除をしながら「いいウンチが出てるね」と感じるのは喜びでもあるでしょう。世話をしながら病気の予兆に早く気がつくことができれば、大切なフクロモモンガの健康を守ることにもなります。

毎日やること

毎日行う世話は大きく分けると「掃除」「食事」「コミュニケーション」「健康管理」があります。健康管理は、そのための時間をわざわざ作らなくても、ほかの世話をしながら行うことができるでしょう。

世話の手順は家庭によってさまざまでしょう。ここでは世話の手順の一例を紹介しますが、皆さんのやりやすい方法を見つけてください。

【朝の世話】

1 前の晩に入れた食器を取り出す

ケージから食器を取り出します。食べ残しがないか、食べ残しているなら何をどのくらい残しているのかを確認してから捨て、食器を洗っておきます。

※時間がなくても、フクロモモンガが傷んだものを食べることのないよう、食器を取り出すことはしておきましょう。

フクロモモンガは主に夜間に食べるので朝に食欲を確認。

2 水を交換する

減り具合をチェックしてから水を交換します。給水ボトルはざっと流水で洗います。飲み口は食べ物がついていることがあるのでよく洗って。

3 簡単に掃除をする

排泄物の掃除をします。排泄物の状態を確認してから捨てます。尿がついているところを拭いておきましょう。食べこぼしの片付けもします。ケージ周囲が排泄物や食べこぼしで汚れていたら掃除します。

※朝の掃除は簡単にして、夕方〜夜にしっかり掃除するといいでしょう。

尿で汚れたところを拭いておきましょう。

【夕方〜夜の世話】

1 活動開始の健康チェック

フクロモモンガが起きてきたら、目の輝きや動きなどを見て、元気がいいかを確認しましょう。

2 ケージの掃除

掃除のさいには、フクロモモンガをキャリーケースなど別の容器に移しておけば落ち着いて掃除できますし、フクロモモンガも住まいをいじられることにストレスを感じなくていいでしょう。

食べこぼしや排泄物を捨てるほか、ケージの金網やステージなどに付着した排泄物を取り除いて、除菌消臭スプレーで拭き掃除します。ケージの底のほうなどにたまる、また回し車についたりする排泄物の掃除も忘れずに。床材を敷いていれば汚れた部分を交換します。

ケージ周囲も掃除しましょう。

3 運動前の室内チェック

フクロモモンガを部屋に出して遊ばせます。出す前に戸締まりしてあるか、危ないものがないか室内を確認しましょう。

4 コミュニケーションの時間

おやつを与えるなどしながらコミュニケーションをとります。遊んでいる様子を見たり、なでたりしながら健康状態も見ておきましょう。

※おやつは、その日に与える食事のなかから、手から与える分を別にしておくと食べすぎ（与えすぎ）防止になります。

5 食事・水を与える

フクロモモンガをケージに戻して、食事を与えます。食欲があるかどうかを観察しましょう。朝、飲み水を入れ替えていない場合は、この時間に行います。

6 室内の片付け

フクロモモンガが室内で排泄していないかどうか確認し、必要に応じて掃除します。

活発な時間のコミュニケーションにおやつを活用しましょう。

世話をするさいの注意点

- フクロモモンガを部屋で遊ばせている間に掃除する場合は、フクロモモンガの動きに注意し、除菌消臭スプレーをかけてしまったりしないようにしましょう。
- 世話の時間は決めておいたほうがいいでしょう。このタイミングでこの行動をする、このときに排泄するなど生活パターンがわかるので、「いつも元気なはずの時間に遊ばない」「この時間は部屋でオシッコするから気をつけよう」といった注意ができます。
- 毎日の掃除は大切ですが、きれいにしすぎると自分のにおいがなくなって不安になります。「こぎれい」くらいが適切です。
- 妊娠中や子育て中の掃除はほどほどに。ケージの中をむやみにいじられることがストレスとなり、育児放棄や子食いする可能性があります。
- 除菌消臭スプレーは、その場所の汚れを取ってから使いましょう。排泄物や食べ物がついたままでは効果が落ちます。
- 世話の後は必ず手を洗いましょう。
- フクロモモンガを複数のケージで飼育している場合、感染性の病気の広がりを予防するため、健康あるいは健康と思われる個体のケージから先に掃除するようにします。それぞれのケージ掃除の間に手を洗えばなおよいでしょう。

ときどきやること

食器や給水ボトルの消毒

食器はスポンジなどで、給水ボトルはボトル洗い用のブラシなどでこすり洗いをし、消毒しましょう。消毒には乳児用の哺乳瓶用消毒薬を使うと安心です。哺乳瓶用消毒剤はすすがずにそのまま使えるものもありますが、念のため十分に洗浄してください。目安は週に1回くらいです。

飼育グッズの洗浄

ケージ内で使っている飼育グッズ(止まり木、ステージ、巣箱、ポーチなど)は時々、洗いましょう。洗剤を使った場合は十分に洗い流し、できれば天日干しして十分に乾かしてください。汚れ具合によって月に1～2回が目安です。

※飼い始めたばかりで慣らしている最中は、あまり頻繁に洗わないようにします。自分のにおいがなくなるとフクロモモンガは不安になります。

ケージ全体の洗浄

　内部の飼育グッズは取り外し、ケージごと水洗いしましょう。細かい隙間に尿が付着しているとにおいの原因にもなるので、分解できるパーツは分解して（組み立て直し方はあらかじめ確認しておくこと）水洗いを。十分に乾かしてからフクロモモンガを戻します。月1回が目安です。

※自分のにおいがまったく消えてしまうと落ち着かないので、ケージ全体の洗浄と飼育グッズの洗浄は別々のタイミングで行ったほうがいいでしょう。

ポーチのほつれは足に絡むなどケガのもとになるので注意。

飼育グッズを外して、ケージ全体を水洗いしましょう。

ポーチの点検

　ポーチはとてもよいフクロモモンガの寝床になりますが、爪が引っかかりやすいのがネックです。週に1回くらいは内部を点検し、縫い目の糸がほつれて爪を引っかけやすくなっていないかなど確認しましょう（フクロモモンガの指に糸が絡んでいないかもチェックします）。

におい対策のポイント

こまめな掃除で対策を

　フクロモモンガを飼っていて「においが気になる」という声はよくあります。フクロモモンガはにおいに依存している動物で、仲間同士やなわばりの主張として臭腺からの分泌物や排泄物でのにおいつけをよく行います。そのうえ多くの場合、トイレを覚えないですし、食べかすを飛び散らかします。いやなにおいの元になるものがとても多いのです。多頭飼育していればなおさらです。

　においの原因はこうした汚れを放置しておくことにあります。排泄物や食べこぼしは気づいたらすぐに片付けておけば、においの元になることは少ないでしょう。

　「自分のにおいがしなくなると落ち着かない」というのも事実ですが、さっと拭き取ったくらいではフクロモモンガに感じられるにおいまでは消えないと思われます。

ここを忘れず掃除しよう

- 金網ケージだと、金網につかまって排泄することが多いので、尿が金網をつたってケージの下にたまり、においの原因になります。回し車の隙間なども同様です。
- 金網ケージはケージ周辺に排泄物や食べかすが飛び散ります。こまめに掃除しましょう。カーペットや畳など尿がしみこみやすい材質の床なら、ビニールシートを敷いた上にケージを置くなどするといいでしょう。
- 木製のステージ、止まり木やポーチは、使い続けていればにおいがしみつきます。時々洗いましょう。
- 室内の換気を行いましょう。窓を開けるのは必ずフクロモモンガがケージ内にいるときに。脱走させないよう十分に気をつけてください。また、部屋には空気清浄機や脱臭機を置くといいでしょう。
- 部屋で遊ばせている場合は、ソファなど布製の家具、カーテンに排泄されることもあるので、遊ばせたあとは確認して掃除を。
- 排泄物や体臭だけでなく、食べ物に水分が多かったり動物質のものが多く、腐敗してにおうこともあります。食べ残しはすみやかに片付けましょう。
- 衣類などのにおいを取るスプレーは、動物によっては悪影響が知られています。フクロモモンガに関しては不明ですが、周辺では使わないなどしたほうがいいでしょう。

部屋で遊ばせたあと、室内の汚れをこまめに拭きましょう。

ポーチは使ううちににおいがしみつきます。洗ってよく乾かします。

ある程度は「しかたない」部分も

におい対策は、人が快適にフクロモモンガと暮らす環境作りに役立ちますし、フクロモモンガに対して衛生的な環境を提供することにもなるものです。ただし、動物を飼う以上、それまでの暮らしとなにも変わらないというわけにはいきません。多少はしかたないと割り切るのも必要でしょう。

ひどいにおい、下痢はしてない?

フクロモモンガの健康な便は、ひどいにおいがすることはありません。ただし、下痢をしていたりすると非常ににおいがきついので、いつもと違うにおいがしたときは注意して確認しましょう。

寒さ対策

　フクロモモンガは熱帯・亜熱帯に暮らす動物なので寒さは苦手です。冬場の寒さ対策は必須といえます。
- アクリルケージは保温性が高く、寒い時期には特に向いています。
- 金網ケージで飼育している場合はペットヒーターを使うほかに、部屋そのものを暖かくする必要があるでしょう。

　また、ケージに布をかけたり、ビニールシートでおおったり、園芸用の小型ビニールハウスに入れるなどの方法もあります。その場合、フクロモモンガが布をケージ内に引き込んだり、布とヒーターなどの熱源と接触したりしないようにすること、また、密閉状態にならないよう注意する必要があります。
- ペットヒーターを活用しましょう。フクロモモンガの場合は、天井に取り付けるタイプや側面につけるタイプが一般的です。ケージの底に置いて使うタイプは、特別な事情（幼齢、高齢、病気など）があってプラケースなどで飼育するさいに使うことができます。また、低い位置に付けたステージ上に置く方法もあるでしょう。
- ケージ内には温度勾配をつけましょう。ヒーターがあって暖かい場所と、ヒーターから離れた場所にも寝床を設置し、好きな場所を選べるようにします。
- 温度計はケージ内やケージの近くなど実際にフクロモモンガがいる場所に設置して温度を確認しましょう。人が立っているときに感じる温度と床に近いところの温度は、かなり違うことがあります。
- フクロモモンガを部屋に出して遊ばせるなら、室内の暖房装置はエアコンやオイルヒーターが安全です。天板が熱くなったり熱源にふれることが可能なストーブは危険です。

暑さ対策

　フクロモモンガはどちらかというと暑さには強いとはいうものの、昨今の日本の夏のような猛暑では、なにも対策しなければ熱中症になるおそれがあります。野生のフクロモモンガ

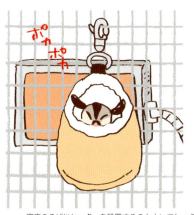

寝床のそばにヒーターを設置するのもよいでしょう。

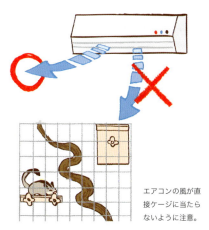

エアコンの風が直接ケージに当たらないように注意。

が暮らすのは熱帯や亜熱帯ではあっても、樹木が豊富で木陰があり、風通しはよく、樹洞（じゅどう）の中は涼しいのです。また、快適な居場所を自分で探すことができます。しかし飼育下ではそれができません。快適な環境を作ってあげましょう。

- フクロモモンガがいる場所の温度が28℃を超えるようなら冷房を入れましょう。
- アクリルケージで飼育している場合、部屋の温度とケージ内の温度は異なります。必ずケージ内の温度を測りましょう。
- 夏場は金網ケージで、冬場はアクリルケージで飼育するという方法もあります。
- エアコンからの冷たい風がケージを直撃しないようにしてください。
- 冷えすぎにも注意しましょう。フクロモモンガが寒いと感じたら、もぐりこめる暖かい寝床は、夏でも用意しておきましょう。
- 食べ物が傷みやすい時期です。夜に与えた食べ物は残っていても翌朝には取り出します。カルキを抜いた水道水も傷みやすいので、給水ボトルの飲み水は必ず毎日交換しましょう。また、これから与える食べ物の保管にも注意してください。

温度と湿度の注意点

- 春や秋は気候がおだやかな季節ですが、実は寒暖の差が大きく、朝は涼しかったのに日中は暑い、暖かい日が続いていたのに急に冷え込むといった変化がよくあります。ペットヒーターやエアコンはいつでも使えるようにしておくといいでしょう。出かけるときは、その日の天気予報を見て必要に応じて対策をとってください
- 湿度は、人が快適であれば問題ありませんが、冬場は乾燥しすぎないよう、必要に応じて加湿器の使用を。夏場はエアコンのドライ運転なども使い、湿っぽくならないようにしてください。夏は通気性が確保されていることも大切です。
- 迎えたばかりの、幼い、高齢、病気の個体は特に温度管理に注意を払いましょう。
- 最高最低温度計を設置しておくと、家を留守にしているときの室温を確かめることができて便利です。

フクロモモンガの適温

温度	**24〜27**℃
湿度	**50**%前後

温湿度計はフクロモモンガの暮らす場所のそばに設置します。

寝床のポーチは複数用意し、ヒーターが近いところ、遠いところにそれぞれ設置。

そのほかの世話

フクロモモンガとグルーミング

　フクロモモンガは、自分で自分の体を丁寧に毛づくろいしてきれいにします。被毛や皮膚の状態を良好にしておくために欠かせません。フクロモモンガは後ろ足の指が「合指(ごうし)」になっていて、グルーミングに役立っています。フクロモモンガにとってセルフグルーミングは必須です。

　ペットのなかには、飼い主がブラッシングをしたりシャンプーをしたほうがいい種類もいます。しかしフクロモモンガには不要です。毛が絡み合ったりするほど長くもありません。においが気になるからと洗ったりすればかえってストレスになりますし、においが消えることでますます激しくにおいつけをするようになるでしょう。

　体についた汚れを取りたいときは、温かい濡れタオルで拭くといいでしょう。お湯をかけて洗う必要はありません（ただし、皮膚病の治療のために薬浴する場合は除きます）。なお、耳掃除や肛門腺しぼりなどもフクロモモンガには不要です。

爪切りについて

　フクロモモンガには長くて鋭い爪があります。木の登り降りや滑空時の踏み切り、しっかり着地するとき、また、樹皮の下から昆虫を取り出すときなどに役立ちます。

爪は登り降りやしっかり着地するときなどに役立つので、切り過ぎに注意。

爪切りの注意点

- 先端の尖っている部分だけをわずかにカットする程度にしてください。切りすぎると登り降りなどの行動に支障があります。爪には血管が通っているので、切りすぎて出血させないようにしてください。
- 爪を切る道具は小動物用の爪切りのほか、人の眉毛カット用はさみなども使えるでしょう。使いやすいものを選んでください。
- フクロモモンガの体を持つ人が手先を支え、別の人がカットする方法があります。目の細かい洗濯ネットにフクロモモンガを入れ、ネットから少しだけ出ている爪の先を切るという方法もあります。
- 爪を切る必要があっても家ではできない場合は、動物病院やペットショップでやってもらうといいでしょう。

飼育下でも、室内でカーテンを登り降りしたり、滑空（かっくう）して飼い主の体に着地するときなどにも、爪が鋭くないとかえって危険なこともあります。

基本的には日常生活のなかで爪が伸びすぎないような工夫をします。太めで樹皮のついた止まり木をケージ内に設置して、止まり木から止まり木へ飛び移るような動きが十分にできるようにするのもいいでしょう。

それでも爪が伸びすぎ、遊んでいるときに人の皮膚を傷つけるようなことがあったり、しばしば寝袋などに爪をひっかけているようなら、爪切りをしましょう。

留守番のさせ方

仕事や遊びなどで日中、フクロモモンガを残して出かける短い留守番は、基本的な飼育管理を行っていれば特に心配することはありません。長い日程で家を留守にするときは、その間のフクロモモンガの飼育管理について考えておく必要があります。

現在の環境で落ち着いて生活できている健康な大人の個体で、エアコンなどで安全な温度管理ができていること、水分が少なくて傷みにくい食べ物（ペレット）を食べられること、給水ボトルから水が飲めること、などの条件で、1泊くらいはフクロモモンガだけでも留守番は可能です。多めにペレットを用意しておけばいいでしょう。

留守が長くなるときは、知人に世話をしに来てもらう、預かってもらう、ペットホテルに預ける、ペットシッターを依頼するなどの方法を考えてください。ペットホテルやペットシッターは、犬猫以外の小動物の扱いに慣れているところを探しましょう。ペットホテルを併設している動物病院もあるので、かかりつけの病院に問い合わせてみてもいいでしょう。

においに依存する動物であることを考えると、どこかに預けるよりも世話をしに来てもらうほうがフクロモモンガにとってストレスが少ないでしょう。

留守にすることがわかっているときは、できるだけ早めにどうするか考えてください。年末年始や長期連休などはペットホテルやペットシッターも予約しにくくなります。

世話を頼むときのチェックリスト

※世話を頼まれるときも参考にしてください

- □ 世話をしに来てもらうなら、事前に一度は家に来てもらい、世話の手順を知ってもらいましょう。お願いする世話はできるだけ最低限のものにします。
- □ 食べ物や消耗品はあらかじめ十分な量を用意しておきましょう。万が一なくなったときはどこで購入するかも伝えておいて。
- □ 日頃からペレットに慣らしておき、世話の手間がかからないようにしましょう（手作りフードを与えてほしいなら前もって作っておいて冷凍しておくなどする）。
- □ ケージから出して遊ばせるのは、飼い主の留守中は控えましょう。
- □ 万が一のために自分の緊急連絡先とかかりつけ動物病院の連絡先を伝えておきましょう。

外への連れて行き方

　動物病院への通院など、フクロモモンガを外に連れていくことがあります。フクロモモンガにできるだけ不安を感じさせないこと、温度管理などに注意しましょう。

　移動時はキャリーケースやプラケースを利用します。あまり広くないもののほうがいいでしょう。底に床材やフリースを敷き、その上にいつも使っているポーチごと入れるのがいい方法です。

　移動時の食べ物はペレットなど水分の少ないものを入れ、水分の摂取は野菜や果物で与えます。

　寒いときはキャリーケースやプラケースをフリース布で保護したうえでバッグに入れたり、かなり寒いときならプラケースの外側に使い捨てカイロを貼ったうえでバッグに入れます。

　暑いときは小型の金網ケージを使うといいでしょう。可能なら日中の外出は避けたほうが賢明です。

　帰省をするなど、出かけた先でフクロモモンガが長時間過ごす予定があるなら、別に小さなケージを送っておくなどしておくといいでしょう。念のために近くの動物病院を調べておきましょう。

　夏場の自動車での移動は十分に注意してください。エアコンをつけていない車中の温度は非常に高くなります（JAFのホームページによると、外気温が23℃でも車内は最高48℃、ダッシュボードの上は70℃にもなります）。たとえ短時間でも、フクロモモンガを車に残してエアコンを切り、車を離れるようなことのないようにしてください。

【注　意】

　たとえどんなに慣れている個体であっても、首から下げるタイプのポーチに入れたままで外出するようなことは控えてください。

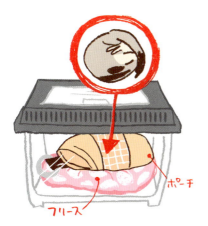

フクロモモンガをポーチごとキャリーケースに入れます。

使い慣れたポーチがフクロモモンガを心穏やかにします。

フクロモンガの多頭飼育

野生では群れで暮らす動物

　フクロモンガはもともと群れで暮らす社会性のある動物で、群れのメンバー間の絆はとても強いものです。単独生活をする動物ではありませんから、可能であれば多頭飼育をするのが理想的です。

　多頭飼育するにはさまざまな注意点もありますが、選択肢のひとつとして考えてみるといいでしょう。

1匹だけで飼うなら

　1匹で飼う場合は、フクロモンガにとっては終生、飼い主が唯一の家族なのだということを十分に理解してください。

　飼い始めた当初はコミュニケーションにたくさんの時間を取っていたのに、忙しくなったり、飽きたりしてあまりかまわなくなるケースがあります。

　フクロモンガはそうした状況にストレスを感じ、自咬症（160ページ）になることがあります。フクロモンガも傷つき、飼い主も苦しい思いをすることになります。そうならないためにも、フクロモンガを1匹だけで飼うなら、ずっとフクロモンガに愛情を注ぎ続けてください。

理想的な多頭飼育の形

　フクロモンガを診察してもらえる動物病院がまだ多くないなかでは難しいことですが、理想的には、（子どもがほしいなら一度は繁殖させたうえで）オスに去勢手術を受けさせて、ペアで飼育することかもしれません。

本来、フクロモンガは、野生下では群れで暮らしているものです。

多頭飼育の注意点

多頭飼育が望ましいとはいえ、いきなりまったく知らないフクロモモンガ同士を一緒のケージに入れれば仲良くしてくれるというものではありません。人為的に同居相手を選ぶので、相性が悪い場合もあります。相性の見きわめが大切です。

新たに多頭飼育をする場合

すでに1匹飼っているところに2匹目を迎える場合の注意点には以下のようなものがあります。なお、ここでいう「多頭飼育」は、ひとつのケージで2匹以上を同居させることをいいます。

● 性別

オスとメスは、相性はいいことが多いようですが、繁殖してどんどん増えてしまう可能性があります。オス同士はなわばり争いでケンカになる可能性が高いでしょう。メス同士は手順を踏めばうまくいく可能性もあります。

● 年齢

より若いうちに始めるほうが同居させやすいでしょう。性成熟した後はなわばり意識が強くなり、警戒心も高まるので、他の個体を受け入れにくくなります。

● 病気のもち込みへの対応

新たに迎えるフクロモモンガが感染性の病気をもっていると、ほかの個体にうつるおそれがあります。家庭内検疫が必要です。

● 飼育管理が大変になる

ひとつのケージで2匹飼うなら、そのぶんケージを広くしたり、飼育グッズも増やしたりする必要があります。飼育頭数が増えれば日常の世話の手間も増え、かかる時間や費用も増えていきます。ほかの個体にに

相性がいいとお互いにグルーミングをしたり、仲良くする様子が見られます。

多頭で食事をさせるなら、個々に食欲があるかどうか、直接見て確認しましょう。

おいつけをするようになるので、においの問題が増えるかもしれません。

また、食べ残しがあったり下痢便があった場合、食欲がないのは誰なのか、下痢しているのは誰なのか、また、うまく同居できているように見えても、実はどちらかがストレスを感じていることもあります。見きわめなくてはならず、健康管理も大変です。

最初から多頭飼育する

多頭飼育が順調に始められるのは、幼いときから同居している個体同士です。ペットショップやブリーダーで一緒に飼われている2匹を購入するといった方法です。

● 性 別

最初はどういう組み合わせでも問題ないことが多いでしょう。

オスとメスなら、性成熟すれば繁殖の問題が出てきます（繁殖させたいならきょうだいでないかを確認する）。オス同士だときょうだいでも大人になってからケンカになることもあるので注意して見ていくことが必要です。場合によっては別のケージに分けることも考えて。メス同士なら大人になってもそのまま問題なく同居が続けられるのが一般的です。

多頭飼育の手順

ここでは、すでに1匹飼っていて、新たにもう1匹を迎えて多頭飼育をする場合の手順の一例を紹介します。個体によって、段階を踏まなくても最初から仲良くできたり、時間をかけても難しい場合もあります。

1 家庭内検疫

新しい個体を迎えたら、病気がないかを確認するため家庭内検疫を行いましょう。3週間ほどはできればケージの位置も遠ざけて飼育します。世話はもとからいる個体のほうを先に行います。

2 においを紹介

においを使って慣らしていきます。まずはケージを隣同士に置いて数日飼育し、お互いのにおいを感じさせるようにします。そののち、それぞれが使っているポーチを交換して、より強いにおいに慣らします。ポーチの交換をしばらく続けます。

仲良く過ごしている様子を見るのは楽しいもの。

ポーチを交換して強いにおいをお互いに確認させましょう。

3 会わせてみる

お互いのにおいに十分に慣れたら、会わせてみましょう。どちらにとっても中立地帯で、逃げる場所もあるところ、たとえば部屋の中に一緒に出してみます。

同じポーチで過ごす仲良しのフクロモモンガ。

においに慣れたら、部屋の中などで会わせてみましょう。

基本は別々のケージで過ごし、遊ぶときなどに一緒にして仲良くなるのもいいでしょう。

4 様子を見る

ケンカになるようならそれぞれをケージに戻し、においに慣らすことを続けてからまた一緒に出してみてください。それでもケンカになるなら、同居は困難です（オスとメスの場合は繁殖シーズンに行ってみてください）。

5 新居で同居

ケンカにならないようなら同居させてみましょう。2匹で飼うのに十分なサイズの新しいケージ（既存のものを使うなら念入りに洗って）に2匹を入れて様子を見ます。ポーチなどは複数、設置しましょう。同居は、飼い主にも時間のゆとりがあり、よく観察できるときにしてください。

6 経過を観察

同居を始めてからも、よく様子を見ましょう。ひどいケンカは起きていないか、どちらもが食欲があり、健康かどうかなどをチェックします。ケンカにならなくても、一方が圧力を感じて弱っていると感じたら、別々にしたほうがいいでしょう。

7 無理に始めない

相性がいいかどうか判断しにくい場合は、基本的には別々のケージで飼育し、遊ぶ時間だけは一緒に遊ばせてみるのもいいでしょう。同居させられるかどうか観察を続けられますし、遊ぶ相手がいることはフクロモモンガにとっては楽しいことと考えられます。

PERFECT PET OWNER'S GUIDES

フクロモンガと防災

Chapter 5　フクロモンガの毎日の世話

フクロモンガを守るために

　日本は自然災害が多く、毎年のように地震や台風、大雨などによる災害が起こっています。2018年には環境省が「人とペットの災害対策ガイドライン」を策定しました。これは東日本大震災を受けて2013年に策定された「災害時におけるペットの救護対策ガイドライン」を、熊本地震ののちに改訂したものです。このガイドラインをもとに、各自治体での災害対策が作られます。

　このように、ペットの防災対策は少しずつ進んでおり、避難するさいには同行避難が推奨されています。

　しかし、犬や猫でさえ災害時に避難所に入れず車中泊を余儀なくされたといった問題が起こります。フクロモンガを守る立場にある飼い主はどうしたらいいのか、いざというときを考え、平時のうちにシミュレーションしておくことをおすすめします。

【同行避難と同伴避難】

　前記ガイドラインでは、ペットとともに避難所などに避難する行動を「同行避難」、避難所などでペットを飼育管理することを「同伴避難」と呼んでいます。いずれも、避難所で飼い主がペットと同じ部屋にいられることは意味しておらず、避難所のどこで飼育するかはそれぞれの避難所で定められます。

見直しておこう、人の防災対策

　フクロモンガを守るにはまず自分たちの身を守ることです。防災対策を見直しておきましょう。

☐ 住んでいる地域のハザードマップを確認し、どんな自然災害が起きやすいのか、危険な場所はどこかを知っておく。
☐ 指定緊急避難場所や指定避難所がどこにあるのか確認しておく。
☐ 家庭内の防災対策をしておく(安全対策、備蓄など)。
☐ 人のための避難グッズを準備する。
☐ 家族間での連絡方法を確認しておく。

フクロモンガの防災対策

●室内

　家具などが倒れたときにケージにぶつかったり、ものが落下してケージを直撃することはないでしょうか。窓のそばに置いているなら飛散防止シートを使いましょう。

　また、高さのあるケージを使っていることが多いでしょう。転倒防止にチェーンで壁への固定、転倒防止シートを敷くなどの対策が考えられます。

●備蓄

　住んでいる地域が無事でも、大きな災害があると流通がストップするおそれがあります。日頃からペレットなどは余裕をもって購入し、

常に備蓄があるようにしておきましょう。ペレットをあまり食べず、手作りフードにしている場合、停電して冷蔵庫が使えないとすぐに傷んでしまいます。その点からも、ペレットを食べるようにしておく必要性があります。

● 避難グッズ
自宅ではない場所で世話ができる最低限の準備をしておきます。

避難グッズの一例

移動用キャリーケース、食べ物（最低でも1週間分）、大好物（傷みにくいもの）、飲み水などのほか、衛生用品（ペットシーツ、ビニール袋、新聞紙、ウェットティッシュなど）、防寒用品（使い捨てカイロ、フリース）など。投薬中の薬、動物病院の連絡先・診察券、飼育日記もすぐに持ち出せるようにしておく。持ち物に余裕があるなら小型ケージなど。

● 同行避難の確認
在住の自治体に、エキゾチックペットの同行避難も可能か問い合わせてみましょう。

● 預け先の確保
避難所に連れていけるとしても、人とは違うペット用の置き場所に置くことになるかもしれません。また、人と同じ空間で飼えるとしても、においの問題があったり、鳴き声がうるさくて周囲に迷惑をかける可能性があります。一時的に預けられる知人や友人の確保も必要かもしれません。

災害に備えて家の中を点検しておきましょう。

フクモモ写真館 Part 1

えー、もっとちょうだい！

今日はかくべつよい香りだ〜

しっぽはおしゃれアイテムさ！

目が合うのがうれしいんだよね

ぬくぬくしあわせ〜

あー、そこそこ♡

ありがとう！大好きなの、これ!!

PERFECT PET OWNER'S GUIDES

Chapter 6

フクロモモンガとの
コミュニケーション

迎えてからの接し方

フクロモモンガを迎える準備

あらかじめやっておきたいこと

フクロモモンガを迎えるなら、きちんと離乳して独り立ちし、大人の食事を食べるようになっている個体をおすすめします。ここでは、そうした個体の迎え方を説明します。

●余裕のあるときに迎える

飼い主に時間的な余裕のある時期に迎えるようにしてください。ケージ内で安全に暮らせているか、健康状態はどうかを確認したり、場合によっては動物病院に連れていったりする必要があります。

下がパパ、真ん中がママ、上が脱嚢後約6ヶ月の男の子です。

●飼育グッズの準備と設置

ケージや飼育グッズはあらかじめ購入、セッティングします。フクロモモンガを迎えてからあちこちケージを移動させることのないよう、置き場所もよく考えましょう。

ペットヒーターが必要な季節なら、不具合がないかどうか電源を入れ、熱さの具合を確認しておいてください。

新しいケージや飼育グッズには自分のにおいがついていません。もし可能なら、先にポーチを購入し、それをペットショップやブリーダー宅で使っておいてもらうというのもひとつの方法でしょう。

●食べ物の準備

食べ物はペットショップやブリーダーで与えているものを確かめて、同じものを用意します。違うものを与えたくても、まずは同じものを与えてください。急に食べ物を変えると食べなくなったり、下痢をするようなこともあります。

●動物病院探し

フクロモモンガを診察してもらえる動物病院を見つけておきましょう（158ページ参照）。

お迎えする前に飼育グッズや食べ物は用意しておきましょう。

●「におい」の準備

フクロモモンガを慣らすさいには「飼い主のにおい」に慣らすという手順があります。迎える日が決まったら、フクロモモンガの寝床に入れることのできる布（フリースの端切れ、ハンカチなど）を身に着けて、飼い主のにおいのするものを用意しておくのもいいかもしれません。

フクロモモンガを迎える

ペットショップやブリーダー宅から連れ帰るときは寒くないようにしてください。暑い時期なら日中の移動は避けたほうがいいでしょう。また、車や電車の中で、フクロモモンガを入れている容器から出したりしないでください。

家に着いたらフクロモモンガをケージに移動させます。入っていた容器のフタを開けた状態で入れて、自分のペースで出てこれるようにするといいでしょう。

ケージ内には食べ物を用意し、あとはかまわずにおきましょう。落ち着かない様子だったらケージに一部布をかけるなどして薄暗くしてあげてもいいでしょう。

すぐに一緒に遊びたくもなってしまいますが、どんなにいい環境を作って待ちかまえているとしても、フクロモモンガにとっては慣れた環境から離れて見知らぬ環境に置かれるという大きな環境変化が起きています。まずは移動の疲れをとることができるようにしてください。

新しい環境に慣らそう

フクロモモンガを慣らす前にまず必要なのは、フクロモモンガが新しい環境に慣れることです。ここが安心できる場所だということや、近くにいる人たちは自分に対して悪意をもっていないこと、敵ではないことを理解する時間を作ってあげましょう。

食事と水を与え、最低限の掃除を手早く済ませ、排泄物や動きのチェックをするといった最低限の世話をしたら、あとはあまりかまわずに普通の生活を送りましょう。

むやみに騒がしくしてはいけませんが、日常生活をしていればテレビや会話の声、足

家に来たばかりの頃は、あまりかまわずに普段の生活に慣らせましょう。

音、食器がガチャガチャいう音、ドアの音などいろいろな物音がしたり、いろいろなにおいもするものです。そうしたものがあってもフクロモモンガにとって嫌なことは起こらないのだとわかってもらうための時間です。

様子が気になってじっと見てしまうなどフクロモモンガに注目しすぎると、まだ慣れていないときには「狙われている」と感じるかもしれないのでほどほどに。

ベビーを迎える場合

脱嚢してから2ヶ月(生後4ヶ月)経たないような個体はまだ完全に離乳しているとはいえません。独り立ちした個体とは異なる世話が必要です。

いきなり広いケージに入れるのではなく、プラケースを使うといいでしょう。幼い個体は体温調節がうまくできませんから、温度管理が大切になります。

プラケースの下にシートタイプのペットヒーターを敷き、ケース内部の底にはフリースなどを厚めに敷いてその上にポーチを置きます。ヒーターの熱さを直接受けるのではなく、布類を介してじんわり温かくなるようにするといいでしょう。ふやかしたペレットを与えるほか、ペットミルクをシリンジで一日数度、飲みたがるだけ飲ませます。

また、もう脱嚢してから2ヶ月を経過していてもペットショップでミルクを与えている個体を迎えた場合も、大人の食事だけにする前に、移行期間としてペットミルクも与えてください。

においのついたポーチは安心できる必需品。

生後3ヶ月半の男の子が暮らしている住まい。プラケースに木くずと置き型の水入れ、布製の袋を入れて飼育し、小動物用のシートヒーターを敷いています。夜はタオルをかぶせているそう。

フクロモンガと仲良くなるには

Chapter 6
フクロモンガとの
コミュニケーション

慣らすことの必要性

よく慣れたフクロモンガと暮らすのはとても幸せで楽しいことです。人の喜びだけでなく、人とともに暮らすフクロモンガにとって人に慣れることは必要なことです。

最初は飼い主のことも怖かったり、見知らぬ周囲の様子は不安でしかなく、ストレスだらけといってもいいでしょう。しかし、飼育環境や飼い主にも慣れれば、「ここは安心できる場所」「一緒にいると安心できる人」と感じるようになってくれます。そうなれば、もし不安なことが起きても、飼い主の存在によって気持ちを落ち着けることができ、ストレスも最小限度で抑えることができるのではないでしょうか。

フクロモンガとの暮らしのなかには、体を触っての健康チェックや動物病院での診察、また、場合によっては投薬や強制給餌など、フクロモンガからするとストレスになることもあるものですが、慣れていれば最小限のストレスですむでしょう。

適切に慣らすということは、飼い主の責任のひとつともいえます。

慣らすにあたっての心がまえ

緊張しない

フクロモンガは人と同じ言葉で会話することはできませんが、近くにいる別の生き物が自分に対して敵意をもっているかどうかは理解できるのだろうと考えられます。

飼い主が緊張したりビクビクしていたり、逆に、絶対に慣らしてやると攻撃的な気持ちになって接したりすると、フクロモンガのほうも緊張し、警戒してしまいます。

人が動物に癒やされるのは、動物がリラックスしている様子を見ることによって、ここは危険ではないと思って安心できるからだともいわれます。フクロモンガと接するときはいつもリラックスして、優しくおおらかな気持ちで接することが大切です。

びっくりさせない

フクロモンガから見たら人間はとても巨大なサイズだということを理解してください。もし自分の体と同じくらいの大きさの手がいきなり迫ってきたら怖いのは当然です。フクロモンガの気持ちを考えて、少しずつ慣らしていきましょう。一度感じた恐怖心はなかなか消えないものなので、フクロモンガを驚かせることのないように接してください。

忍耐強く

なかなか慣れてくれないフクロモンガもいます。特に、大人になってから飼い始めた場合は警戒心も強く、慣れるまでに時間がかかることも。ペットショップで飼われているときにあまり人にかまってもらえていなかったり、乱暴に扱われていた個体も慣れるのに時間がかかります。しかし忍耐強く接することで慣れていくので、あきらめずに仲良くなる努力をしてください。

慣らしていく手順

基本のステップ～環境と人に慣らそう

1 環境に慣らす

「新しい環境に慣らそう」(121ページ)で説明したように、フクロモモンガが落ち着くのを待ちましょう。人がケージの周囲にいてもポーチに逃げ込んでしまうことなく食事をしている、といったことが目安のひとつです。

2 人に慣らす

ある程度落ち着いてきて、人がケージに近づくと興味を示すようになってきたら、やや積極的に接するようにします。世話をするときやケージのそばを通ったときなどにやさしく声をかけるようにしましょう。

夜、フクロモモンガがケージの中で遊んでいるときに、飼い主がケージのそばで静かな声で本を読むという方法をすすめている海外の飼育書もあります。

また、飼い主のにおいのついたフリースの布を巣材に入れて、より飼い主のにおいを感じる機会を作るのもいいでしょう。

慣れないうちは、落ち着くのを待ちましょう。

3 おやつで慣らす

ケージの中に手を入れても怖がらなくなってきたら、手からおやつを与えてみましょう。おいしいものをくれる人には慣れやすくなるものです。おやつは、その日にフクロモモンガに与える食事のなかから特に好きなものを選ぶようにすると、与えすぎを防ぐことができます。

手を怖がらなくなったらケージの入口から、手でおやつを与えてみましょう。

フクロモモンガともっと仲良く

ある程度飼い主に慣れてきたら、もう一歩進んだコミュニケーションをとることで、より絆を深めていきましょう。

● ポーチで慣らす

フクロモモンガの慣らし方としてよく知られている方法です

飼い主が首からかけられる紐のついたポーチにフクロモモンガを入れ、それを首から吊り下げます。服の中に入れるようにして下げてもいいでしょう。ポーチの中は暗くて暖かく、適度な湿度があり、体を周囲に密着させて眠れる状態は、育児囊の再現ともいえます。また、飼い主のにおいもよく感じら

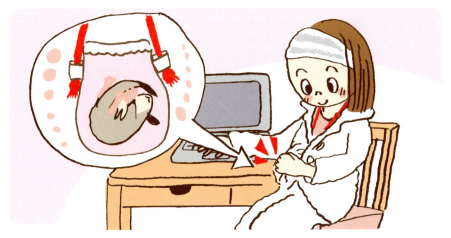

慣らし方のひとつに、フクロモモンガの入ったポーチを首から下げて、洋服の中に入れておく方法があります。

れます。安らげる気持ちと飼い主のにおいとが結びつき、「飼い主のにおい」＝「安心できるにおい」となり、慣れていくのです。

ポーチがちょうど飼い主の心臓のあたりになるようにしておくと、心拍が安心感を増すかもしれません。ポーチの中で落ち着いているようになったら、時々手を入れてなで、体に触ることにも慣らすといいでしょう。

活発に遊んでいるときに無理にポーチに入れるのはやめましょう。そのまま首にかけられるようなポーチをケージに入れておき、昼間フクロモモンガが眠っているときにポーチごと取り出してもいいでしょう。

●テントで慣らす

フクロモモンガを部屋に出すとあちこち探検に行ってしまうので、限定された場所を作って慣らす方法があります。テントを使います。密閉状態にならず風通しよく、周囲も見える蚊帳タイプがおすすめです。アウトドア用品店などで販売されています。

動かしやすいケージならケージごと入れて

ポーチの注意点

● いくら慣れたとしても、フクロモモンガをポーチに入れたままで外出するのは避けてください。

● 布は、爪を引っかけるなどの事故の可能性もあるものです。もし危ないようなら布類の使用を中止する決断も大切です。

もいいですし、フクロモモンガがポーチに入っている状態、あるいはケージからキャリーケースに移動させた状態で、飼い主とフクロモモンガがテントに入ります。テントの入口を閉めてから、ケージやキャリーケースの入口を開け、フクロモモンガが自由に出てこられるようにします。

飼い主は特にフクロモモンガにかまわずに、読書でもしていましょう。ここで大切なのは、「この人のそばにいても怖いことはなにもない」とわかってもらうことです。

しっかり閉じておける容器におやつを入れて用意しておき、近くに来たら与えるのもいいでしょう。少しずつ体をなでるなどしてコミュニケーションを深めてください。

蚊帳のテントは、フクロモモンガがよく慣れたあとでも、部屋全体で遊ばせるのは難しい場合の遊び場所にできます。

蚊帳のテントは、穴が開いたりしていないか時々確認してください。

● 部屋に出して慣らす

室内を安全な状態にでき(134～135ページ参照)、排泄物で汚される可能性も受け入れられるなら、部屋に出して慣らすこともできます。

ケージに戻すさいに追いかけ回さなくてもいいように、おやつがあれば人に寄ってくる程度に慣れてから、部屋に出すようにしてください。

テントで慣らす場合と同様に、最初のうちは飼い主からフクロモモンガに対して特にアプローチせず、本を読んでいたりテレビを見ているなどしています。フクロモモンガが飼い主の体に登って探検することもあるかもしれません。おやつをあげたりしながら少しずつ体をなでてみましょう。

コミュニケーションの時間

毎日、コミュニケーションをとるようにするといいでしょう。ポーチで慣らす場合は昼間にもできますが、一緒に遊ぶのはフクロモモンガの活動時間である夕方以降にしてください。

コミュニケーションの時間は、「少なくとも一日に2時間」をすすめる資料もあります。それより短い時間であっても、毎日、繰り返し接することが大切ですし、一緒に遊ぶ時間がとれない日でもよく声をかけてあげるなどして、フクロモモンガに「ここに仲間がいる」ことを伝えてあげてください。

安全な室内で遊ばせてあげると、飼い主の体に登って探検することもあるでしょう。

フクロモモンガの持ち方

部屋からケージに戻すといったちょっとした移動のほか、爪を切る、薬を与えるなどといったさいにはフクロモモンガの動きを制限する必要があります。

フクロモモンガが人の手を怖がらなくなり、手に乗ってきたり、体を触られるのにも慣れてきたら、持つ練習もするといいでしょう。強くつかまず、両手で包み込むようにするのが基本です。片手の上に乗ってきたときに、もう片方の手でそっと体を覆うようにします。手から降りようとしたら、無理せず開放してあげます。手に対して嫌なイメージをもたせないようにしましょう。慣らすときの心がまえと同様に、怖がらずにやさしく持ちましょう。

持つのが難しければ、移動させるときはポーチやプラケースなどに入れましょう。持つときは革手袋を使うこともできます。

強制給餌などでどうしても体を動かないようにしたいときは、ポーチを使う方法があります。ポーチを裏返して手を入れ、その手でモモンガをつかみ、裏返したポーチを元に戻せばモモンガがポーチの中におさまります。モモンガが落ち着いたら、顔だけが出るように少しだけポーチの口をゆるめます。

● 動物病院での保定

動物病院では適切な治療や診察のために保定を行います。首筋の皮膚をつかむ方法、背中側から胴体をつかみ首の左右を人差し指と中指ではさむ方法などがあります。愛玩するために持つのとは目的が違います。

洗濯ネットで保定する方法もあります。ネットにモモンガを入れ、ネットの端から巻いていき、モモンガをネットの端に追い込みます。体を無理につかまずに動きを止められる方法です。

フクロモモンガを強くつかまず、両手で包み込むようにするのが持ち方の基本です。

飼い主に慣れたら、自ら手の上に乗っかってくれるでしょう。

フクロモモンガと折り合いをつけて暮らす

しつけはできるの?

フクロモモンガは賢い動物ですが、「しつけ」と聞いて思い浮かぶようなしつけはできません。とはいえ、暮らしのなかには、フクロモモンガにしてほしいことや、してほしくないことは存在します。フクロモモンガの生態や習性も考えながらうまく折り合いをつけていきましょう。

トイレ

多くのフクロモモンガは残念ながら排泄を特定の場所に決める習性がありません。また、においつけとして尿でもマーキングをするので、どうしてもあちこちで排泄することになってしまいます。

一般的な動物のトイレのしつけは、排泄物のついたティッシュなどをトイレ容器に入れておき、においでそこがトイレだと理解させ、トイレ以外で排泄した場合にはしっかり掃除をしておく、というものです。トイレの位置を決めるフクロモモンガもいるので、チャレンジしてみるのもいいでしょう。ただ、あまり期待しないでやったほうがいいかもしれません。樹上で排泄することを考えると、床の上に置くタイプの小動物用のトイレ容器よりも、ケージ側面にひっかけるタイプの食器入れで深めのものを使うという方法もあります。

ただ、トイレに関しては、「どうしても一ヶ所にしてほしい」と無理に教えようとするよりも、「フクロモモンガが排泄したところが今日のトイレ」といった程度に考えておいたほうがよさそうです。

また、排泄のタイミングも観察しておくといいでしょう。慣らすために首から吊るしていたポーチの中で目覚めたモモンガは、出てきたらまず排泄するかもしれません。もぞもぞ起き出してきたら、いったんケージに戻し、排泄させるといいでしょう。

噛み癖

嫌なことをされたとき、「やめて」という言葉の代わりに噛みつくことがあります。フクロモモンガが人を噛むときには、さまざまな理由が考えられます。

最も多いのは、恐怖や不安でしょう。逃げ出すことができなければ、必死になって噛みついてきます。体調が悪いときは、自分の身を守るために噛みついてくることがあります。また、お腹が空いている、手から食べ物のにおいがした、急に手を動かしたのでびっくりしたなどの理由もあります。

お互いの主張に折り合いをつけるのも大事。
フクロモモンガにも話しかけてみましょう。

噛むのをやめさせる方法として知られているものには、「噛むと自分も不快になるということを伝えるために噛まれている指を口に押し込む」というものや、「フクロモモンガが不快なときに発する鳴き声に似た音である『舌打ち』をする」というものがありますが、最もいいのは、フクロモモンガがどんなときに噛もうとするのかを理解して、噛まれないような接し方をすることです。叩くようなことは決してしないでください。

鳴き声

フクロモモンガの威嚇(いかく)の鳴き声には驚かされますが、慣らすことで鳴く頻度は減っていきます。ただ、よく慣れている個体でも驚いたときなどには鳴くこともあります。

アンアンと聞こえる鳴き声は、慣れている個体の場合には「さみしい」「かまってほしい」といった意味があるようです。できるだけ遊んであげる時間を作りましょう

わが家の工夫
【コミュニケーション編】❶

脱嚢2ヶ月くらいから育てているぐら(メス6歳)。威嚇がすごかったのですが、週末の日中、ポーチを首から下げてにおいを覚えてもらいました。肩に乗ってくれるまで3ヶ月くらいかかりました。大型連休や年末年始などの長期休みごとに仲良くなれた気がします。右の写真はお気に入りのジンベイザメポーチ。(poohkotaoさん)

もも(オス3ヶ月半)のトイレについては、寝起き30分以内に大も小もさせてしまえば、しばらくはしないようで、まずは起きたら30分間、私の手の中で過ごさせています。体調チェックもでき、ケージ内の掃除も楽ですし、遊んでいても汚れないので、とてもいい距離感です。(森田存さん)

フクロモモンガとの遊び

Chapter 6 フクロモモンガとのコミュニケーション

遊びの必要性

フクロモモンガとの暮らしで欠かせないもののひとつが「遊び」です。

野生のフクロモモンガの生活は、食事を求めて移動する、食べる、快適な巣を作る、繁殖行動をする、なわばりを守るなど、数多くの行動レパートリーから成り立っています。家族やきょうだいと一緒に暮らしているので、相互のコミュニケーションもさかんです。ところが飼育下では、食べ物も十分で温度管理もなされ、一見、充実した生活のように見えますが、本来ならしているはずの行動をすることができません。退屈し、フラストレーションがたまれば自咬症（じこうしょう）（160ページ）を起こすこともあります。

行動レパートリーを増やすことによってモンガの生得的（本能的）欲求を満たし、生活の質を高めるのが、フクロモモンガの「遊び」といえるでしょう。

生得的欲求を満たす

食べ物を探す、生きている昆虫類を捕獲して食べる、狭い巣にもぐりこむ、滑空（かっくう）する、仲間同士でにおいつけやグルーミングをするといった行動が、満足感や安心感に結びつきます。

ほどよい刺激を与える

強い刺激は避けなくてはなりませんが、好奇心をくすぐり、いつもと違う行動を促したり、ものを考えさせるような刺激は、生活を活性化させてくれます。初めて出会うおもちゃの遊び方をさぐったり、隠してある食べ物を探すことも、いい刺激になるでしょう。

運動の機会を増やす

飼育下では、本来の運動量を再現させるのは不可能といえます。それなのに食生活は十分すぎることも多く、どうしても太ってしまうケースがよくあります。部屋に出して遊ばせたり、広いケージの中でいろいろな動きができるように工夫して、できるだけ運動する機会を作りましょう。

コミュニケーション

一緒に遊ぶことで飼い主との信頼関係も深まります。ただおやつを与えるだけでなく、「名前を呼ばれたら飼い主のところに行くとおやつがもらえる」と教えれば、その行動も遊びのひとつとなるでしょう。

滑空はフクロモモンガの習性ともいえる行動。飼育下でも滑空できる環境があるとよいでしょう。

退屈させないひとり遊びの環境

一日のうちでフクロモモンガが最も長く暮らすのはケージの中というのが一般的です。多頭飼育しているなら、フクロモモンガ同士でコミュニケーションをとっていますが、単独飼育の場合はなにもすることがないと退屈してしまいます。ちょっとしたことが気になって自咬症を起こすこともありますし、そうならないまでもフクロモモンガはストレスを感じるでしょう。

ケージ内も楽しく、頭を使ったり、体を使ったりできる環境にしましょう。

回し車やぶらさげるおもちゃなどさまざまなものがあります（64ページ参照）。おもちゃを設置したら、安全に使っているかを観察してください。同じものでも、設置場所を時々変えてみるのも面白いでしょう。ペット用のおもちゃのほかに、安全性に配慮されている乳児用おもちゃも選択肢にできます。

ただ、あまりたくさんものを置くとかえって運動しにくくなったり、掃除がしにくくなる、また、思わぬケガをさせたりするおそれもあるので注意してください。

●広い遊び場を用意する

蚊帳のテント内にケージを常設してケージの扉を開けておき、テント内にも遊びグッズを置いて、いつでも広い場所で遊べるようにしておく方法もあります。ただし、蚊帳をかじって穴を開けて脱走するようなことのないようこまめに点検したり、人が見ていられるときだけにするといいでしょう。

ケージの中でぶらさがることのできるおもちゃも楽しいものです。

回し車も体を使うことのできるおもちゃです。

一緒に遊ぼう

　フクロモモンガの大きな魅力のひとつは、人によく慣れてくれることです。単独飼育している場合にはフクロモモンガにとって、飼い主は仲間です。一緒に遊ぶ時間はとても大切です。体に登ってくるのを好きにさせてあげるのもいいですし、声をかけて寄ってきたらおやつをあげるのもいいでしょう。慣れてくると、耳の後ろやあごの下などを掻いてあげると気持ちよさそうにしてくれます。また、2つの紙袋のどちらかにおやつを入れて、どちらに入っているのかを探らせるなど、いろいろな遊びが考えられるでしょう。

● やってみよう滑空トレーニング

　フクロモモンガがよく慣れてきたら、滑空トレーニングに挑戦してみるのも楽しいものです。着地するときには爪を立ててしっかりとしがみつくので、長袖の服を着ることをおすすめします。

1. おやつを見せれば必ず取りに来るくらいに慣れていることが前提です。
2. 最初は、ソファや椅子などあまり高さのないものの上にフクロモモンガがいるときにおやつを与えます。
3. 少し離れたところでおやつを見せ、こちらの体に飛びついてくれるのを待ちます。飛び移ろうとしているときには動かないようにしてください。
4. 必ず飛びついてくれるようになったら、高さを上げていきます。家具やカーテンレールの上など、フクロモモンガが飼い主より高いところにいるときを狙います。その場所で手からおやつを与えます。
5. 少しだけ離れておやつを見せ、飛び乗ってくるのを待ちます。
6. 最初はすぐ近くから始め、距離を少しずつ離していきましょう。

少しずつ距離をとって、滑空トレーニングをしてみましょう。飼い主によく慣れていることが前提です。

わが家の工夫【コミュニケーション編】❷

みなさんの〝こうして仲良く〟をご紹介します。

- 毎日おはよう、おやすみは必ず言います。
（じつさん）

- 休みの日や暇なときはポーチのまま服の中に入れてテレビを見たり、あまり激しくない家事をしたりしています。「行ってきます」など声かけもしています。（やこさん）

- 親指に体を固定して、鼻筋から頭頂部にかけてゆっくり「なでなで」してあげます。心地いいようですぐに寝てしまいます。（chebさん）

- 食い意地がとても張っているので、どんなに怒っていても食べ物を受け取るときはおとなしいことに気づきました。ミールワームを食べている間になでてみたり、果物を手渡してみたり、と食べ物を使って手によい印象をつけています。（まひろさん）

- 威嚇の強い子だったので、においに慣れてもらうためにポーチに入れて胸元に入れていました。1ヶ月もしないうちに慣れてくれました。ケージのお掃除のときは必ずおやつをあげてスキンシップをはかります。（出口喜久代さん）

- 無理はせず、お世話をしているなかで、手からおやつをあげてみたり、猫じゃらしで遊びながら慣らしています。（のぶにぃ〜さん）

- 飼い始めの頃は威嚇がひどかったのですが、家にいるときには服の中に入れ、常に一緒に生活していました。なでるときや頬ずりするときは頭にある臭腺に皮膚をつけて「この人は自分のものだぞ！」と思わせるようにしてなつかせました。（sakura.2310.nさん）

- 明け方5〜6時くらいに部屋を自由に遊ばせています。女の子は女の子、男の子は男の子だけで朝活しています。（布団さん）

- 何かする前（特にケージを開けるとき）には必ず名前を呼んで、自分がいることを伝え、巣箱にいるときは名前を呼びながらノック（指でトントンやカリカリ）します。声をかけたり、歌を歌いながらなでて、プププ（プクプク）…を自分も言います。（えりーぜさん）

- 1匹飼いのため、寂しくないよう家にいるときは極力一緒に過ごします。慣らし方は、やはりその子とのスキンシップ（飼い主のにおいを仲間だと認識するまで）の時間をいかにとるか、だと思います。（ちこさん）

室内の注意点

Chapter 6 フクロモモンガとのコミュニケーション

　最大で1ha（10,000㎡）もの縄張りをもつフクロモモンガに、野生下と同じだけの広さを提供することはできませんが、少しでも運動させるためにケージから出して室内で遊ばせるのはいいことです。

　ただし部屋の中は、人には安全でもフクロモモンガにとっては危険なものもあります。思わぬトラブルでケガをさせるようなことのないよう、安全には十分に配慮しましょう。あちこちで排泄してしまうのは覚悟の上で。どうしても室内を安全にできなかったり、あちこち汚されたくないなら、蚊帳のテントで遊ぶのがいいでしょう。

　また、ケージに戻すときに追いかけ回さなくてはならないのを避けるためには、人に慣れてからにしてください。

　フクロモモンガを遊ばせているときは、必ず「どこで何をしているか」を把握しておくようにしてください。

こんなところに気をつけて

●窓ガラス
　透明だと滑空してぶつかることも。カーテンをしておきましょう。

●エアコン
　裏側に隙間があるタイプだと入り込むことがあります。金網を貼ってガードするなどの対策が必要です。

●家具の隙間
　家具と家具の隙間、家具の下の隙間などに入りこむことがあります。設置したのを忘れているホウ酸団子や、落としたままになっている錠剤などを口にすると危険です。

　電化製品の裏などに入り、ケーブル類をかじってしまうと感電のおそれがあります。

●観葉植物
　登ったりして遊ぶことがありますが、観葉植物には毒性をもつものがあったり、化学肥料や殺虫剤などを使っているものがあります。安全だとわからないものは遊ぶ部屋には置かないようにしましょう。

●排泄
　壁やカーテンにつかまったり、汚されたくないものの上で排泄することがあります。

●人の足下
　室内で一番危険なのは人かもしれません。野生下ではほとんど地面に降りないフクロモモンガも、部屋では床を歩いたりします。慣れている個体ほど人のそばに来るので、うっかり踏んだり、蹴ったりしないよう十分に注意してください。床の上では、椅子やワゴンなど、底にローラーがついているものは動かすときに気をつけてください。

●クッションの下など
　ソファのクッションの下、床の上のラグマットの下などにもぐりこんでいることがあります。気がつかずに座ってしまわないよう気をつけましょう。

● 脱走

窓が少しでも開いていると、そこから屋外に出てしまうことも。遊ばせる前に戸締まりを確認してください。部屋によっては通気口があることもありますから点検を。

● 衣類のポケット

コート掛けなどに衣類をかけておくと、ポケットなどに入って寝てしまうことがあります。気がつかずに洗濯する、ポケットに入れたまま外出するといったことのないよう気を付けましょう。

● 化学薬品など

洗剤や化粧品、化学薬品などは、フクロモモンガが触れることのないよう収納しておきましょう。

● そのほかの危険箇所

部屋に水槽があるときは必ず蓋をしてください。換気扇や扇風機はカバーをつけましょう。チョコレート、煙草や吸殻、医薬品などフクロモモンガにとって危険なものは出しっぱなしにしないでください。

わが家の工夫【手作り編】

フクロモモンガ ポーチ

あたたかポーチを手作りしてみませんか。
buiyonさんがかわいらしくて素敵なポーチの
やさしい作り方を教えてくださいました。

【材料】
- 布（外側用布と内側用布）
  布はフリースなどがフワフワ感もありおすすめです。
  32cm×20cmくらい 2枚
- 布テープ
  2cm×8cm 2枚
- 設置用金具

外側用布

内側用布
（ここでは内側用布にマイクロファイバータオルを使用していますが、爪が引っかかりやすい子は両面ともフリース布をおすすめします）

布テープ　　設置用金具

1 型紙を作ります。方眼紙の厚紙などを使用すると作りやすいです。直線と直線の間はカーブにするとフクロモモたちがおさまりやすい形になります。サイズは1匹を目安にしています。

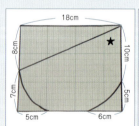

2 外側用布と内側用布のそれぞれ2枚ずつ布を型どります。2枚目は型紙を反対にしてラインをひきます。

3 縫い代を1cm程度とり外側用、内側用を裁断します。写真は外側用布です。内側用布も同様に裁断します。

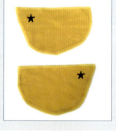

4
外側用の布と内側用の布を表同士で合わせて縫い合わせます。このとき★印の方向同士を合わせておきましょう。写真は縫い合わせたあと、広げたところです。

★印はケージに斜めがけ設置をした時に下になるほうです。

5
縫い合わせた1枚の表側両端に金具を付ける布テープを半分に折り、仮止めします。

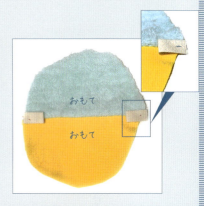

6
2枚のパーツを表同士で合わせて5cmほど残してぐるっと縫います。

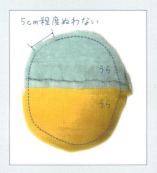

7
縫い残した場所からひっくり返します。

8
口を縫い閉じ、内側用布を押し込んで完成です。

斜めに設置したり、平行にかけたり、設置の仕方によりフクモモちゃん達のかわいい姿がたくさん見られますよ。

フクモモ写真館 Part 2

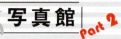

これから見られる風景が楽しみ♡

仲良し親子です

かくれんぼ、見つかっちゃった！

トリックオアトリート？あげないよ！

しっかりつかんで放しません!!

大きな美しい瞳がこぼれそう

PERFECT
PET
OWNER'S
GUIDES

Chapter 7

フクロモモンガの
繁殖

繁殖の前に

繁殖にあたっての心がまえ

子育てを間近で見る幸せ

「うちのフクモモの子どもが見てみたい」と思う方は多いでしょう。赤ちゃんが日々、成長していく姿や、親が懸命に子育てする姿を見るのはとても心温まるものであり、命の大切さを感じるときでもあります。

フクロモモンガの場合、生まれたことにすぐには気づかないことがほとんどですが、とても小さな赤ちゃんが自力で育児嚢に入っていくのだということや、フクロモモンガらしくなってきた子どもが育児嚢を出入りする様子、育児嚢に頭を突っ込んで母乳を飲む姿など、有袋類ならではの成長の様子も興味深いものです。また、多くの小動物では、子育てに父親はたずさわらないのですが、フクロモモンガでは父親が協力的な様子を見せることもあるでしょう。

頼りなさげな動きをし、いつも母親にくっついていようとしていた幼いフクロモモンガが、どんどん成長し、いつしか立派にフクロモモンガらしくなり、滑空するのを見せてくれたときの喜びは格別なものがあるでしょう。大切なフクロモモンガの子どもですから、自身にとっては「孫」の成長を見る嬉しさのようなものかもしれません。

このように、家庭で繁殖を行うことで私たちは素晴らしい経験をたくさんすることができます。

その一方では、飼っている動物を繁殖させることには飼い主としての大きな責任があることも理解しなくてはなりません。

脱嚢して1週間くらいたったころ。常に乳首にくっついています。ベビーは母親と同じ色種のリューシスティック。（左右写真：buiyonさん）

ノーマルの子は母親と双子の姉妹です。先に男の子を育てあげたのですが、育児が得意なのかこのベビーも一緒に育ててくれました。

命への責任

まず、生まれてくる新しい命への責任があります。飼育下では、飼い主がオスとメスを別々にしていれば繁殖することはありません。繁殖は飼い主の意思によって行われるものです。生まれた子どもたちを生涯、幸せな環境で飼育管理することができるでしょうか。

フクロモモンガが一度に生む子どもの数は多くありませんが、一年中、繁殖することが可能なので、相性のいいペアを一緒に飼っていればどんどん増えていく可能性もあります。頭数が増えればケージの置き場所も、世話の時間も、かかる費用も増えていきます。新しい飼い主を探すなら、責任をもって大切にしてくれる人を探さなくてはなりません。繁殖と里親募集を何度も繰り返しているようだと、場合によっては動物愛護管理法によって動物取扱業の届け出をしなくてはならない可能性もあります（50ページ参照）。

また、繁殖は母親の体にも大きな負担をかけます。健康で、繁殖に適した個体かどうかを見きわめなくてはなりません。飼い主には、親となるフクロモモンガの命に対する責任もあるのです。

外来生物を繁殖させるという責任

フクロモモンガは「特定外来生物」ではありませんから、飼育や繁殖に制限はありません。しかし、日本に生息する在来種ではなく、「外来生物」であることには間違いありません。外来生物を繁殖させる責任についても知っておいてください。難しいことではありません。繁殖させた個体を最後まで飼い続けること、譲渡するならその人に対しても必ず、最後まで飼い続けるよう伝えること、脱走したり逃げられたりすることのないように飼育管理することなどです。外来生物を飼い、繁殖させることには大きな責任があることを理解してください。

フクロモモンガは多産ではないけれど、ペアでいればどんどん増えていく可能性は高いでしょう。

フクロモモンガの繁殖生理

繁殖データ

●性成熟

生殖に関わる体の機能が完成することをいいます。オスは精巣が発達して精子が作られ、交尾行動、射精できるようになること、メスは卵巣が発達して卵子が作られ、排卵が起こること、発情することです。メスは8〜12ヶ月、オスは12〜15ヶ月で性成熟します。メスは5ヶ月から、オスは3ヶ月からとする海外の飼育書もあります。

●繁殖シーズン

野生下では季節性繁殖です。冬に発情、交尾が行われ、春になって昆虫類が豊富になる時期に出産、子育てが行われます。繁殖シーズンに2回出産するのが一般的です。飼育下では環境が整っているため、一年中繁殖が可能です。

●発情周期

発情とは、メスが性成熟したのち、交尾を受け入れる状態になることです。約29日周期で発情します。

●発情期間

発情期間は2日間です。発情が始まって2日目に排卵があります。

●妊娠期間

15〜17日。生まれると育児嚢に移り、育児嚢から出るのは通常、約2ヶ月後です。

●産子数

通常は1〜2匹。2匹が多く(81%)、1匹のこともあります(19%)。まれに3匹生まれることもあります。

乳首の数は4つです。

成長データ

●誕生時の子どもの大きさ

体長は約5mm、体重は0.19gです。

●育児嚢から出る

育児嚢から子どもが出るようになることを脱嚢(OOP=out of pouch)とも呼びます。その時期は生後2ヶ月頃で、完全に育児嚢を出るようになるのは生後70〜74日です。

●目が開く

脱嚢してから1週間〜10日ほどで目が開き、被毛も生えそろいます。

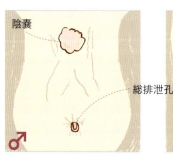
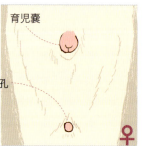

フクロモモンガの生殖器

オス ♂　　メス ♀

●離乳

脱嚢後2ヶ月（生後4ヶ月）ほどが離乳の目安です。

（注）
成長過程の日数は、あくまでもひとつの目安です。環境や栄養状態などによって前後することもあります。

オスとメスの見分け方

オスは下腹部（総排泄孔よりも頭側）に、毛で覆われた豆のような陰嚢があります。性成熟すると前頭部や胸部の臭腺が目立つようになります。

メスは子どものうちから腹部に育児嚢が見られます。

有袋類の繁殖の特徴

なんといっても育児嚢の中で子育てをするというのが有袋類の大きな特徴です。

子どもは、成体の大きさのわりには短い妊娠期間を経て、未成熟な状態で誕生します。母親は総排泄孔から育児嚢までの道を舐め、子どもはそのにおいをたよりに、袋を目指して這い上がり、育児嚢に入ります。このため、有袋類では前足が早く成長します。

育児嚢に入ると、乳首を口にくわえます。顎が未発達なので自分の力で乳首をくわえ続けることはできませんが、乳首が膨らむため、口から簡単には外れなくなります。

顎が発達し、自分で乳首から離れたりくわえたりできるようになるまでの間、子どもは乳首にくっついたような状態になり、たっぷりと母乳を飲んで成長します。

生殖器も独特で、有袋類の多くは、オスが二股に分かれたペニスをもち、メスの膣や子宮もふたつに分かれています。精子はそれぞれの膣に送り込まれます。

また、有袋類では「胚休眠（着床遅延）」という仕組みが知られています。出産後、メスがすぐに発情して妊娠した場合、そのときにできた胎児は、発育段階の初期状態で「休止胚」として存在し、育児嚢にいる子どもが成長したり死亡して育児嚢からいなくなると、成長を再開するのです

未発達なまま生まれたフクロモモンガの子どもは、育児嚢を目指して這い上がります。

繁殖の方法

Chapter 7
フクロモモンガの
繁殖

繁殖の手順と注意点

繁殖させる個体について

繁殖させるなら、健康な個体であることが重要です。痩せすぎていたり、太りすぎている個体、闘病中や病気がちの個体は向いていません。

専門的に繁殖を行っているブリーダーが近親交配を行うことはありますが、それ以外の場合には避けるようにしてください。

ペアリング

● 最初から一緒に飼っているペア

ペアで飼育している場合は、性成熟し、メスが発情すれば、飼い主が特に手を貸さなくても繁殖する可能性が高いでしょう。フクロモモンガは比較的、繁殖がしやすいとされています。メスが鳴き声をあげたり、オスがメスを追いかけているようだと、その後に交尾に至るかもしれません。

● 別々に飼っているオス・メスの場合

多頭飼育させるとき(112ページ)と同様、手順を踏んで相互に慣らしていきます

発情から離乳まで

● 発　情

発情しているとき、メスは「ワンワン」「アンアン」と聞こえる鳴き声で鳴きます。オスはメスに強い興味を示し、総排泄孔（そうはいせつこう）のにおいをかいだり、舐めたりします。こうした行動が見られるようになって24時間以内には交尾をするともいわれます。

● 交　尾

交尾のさい、オスはメスの体を固定するためにメスの背中を噛んだり、毛をつかんだりします。一見、乱暴に見えますが、問題ないことがほとんどです。

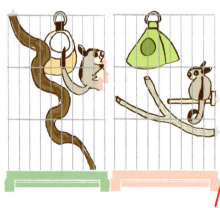

ケージを隣に並べてお互いのにおいに慣らします。慣れてきたら飼い主がいるところでケージから出して会わせます。

● 妊娠と出産・育児嚢での子育て

メスは16日前後で出産します。子どもは育児嚢に移動し、育児嚢での子育てが始まります。子どもは非常に小さいので、育児嚢に子どもがいることにすぐには気づかないでしょう。子どもの存在を確かめようとして乱暴にお腹を触ったりしないでください。乳首から子どもが外れてしまうことがあります。

生後4週ほどすると、メスのお腹の小さな膨らみに気がつくかもしれません。ピーナッツの殻くらいの大きさともいわれます。生後2ヶ月近くでは、たまに尻尾だけが育児嚢からはみ出していることもあります。

● 育児嚢から外へ（脱嚢）

生後2ヶ月ほどで育児嚢から子どもがはみ出るくらいまで成長しますが、この時点ではまだ乳首をくわえています。数日すると乳首から離れ、生後70～74日で脱嚢します。ただしまだほとんどの時間は、母乳を飲んでいます。最初の1～2週は、子どもは育児嚢に戻りたがりますが、体が大きくなっているので戻ることはできません。脱嚢してから1週間～10日ほどで目が開き、被毛も生えそろいます。

交尾後は、育児嚢に赤ちゃんがいることを予測して、静かに世話をしましょう。

ひとりっ子の脱嚢直後。脱嚢するまで長めにかかり、脱嚢して数日で開眼しました。

双子の脱嚢直前。もう袋に入り切らなくて常に入口からベビーが見えています。

双子の脱嚢直後は、毛もなくつるつるでした。脱嚢してもしばらくは袋に頭を突っ込みっぱなしで、親もポーチに置き去りにすることなく一緒にいました。（写真：Eryndilさん）

●子育て中の環境作り

妊娠したことが確認できなくても、交尾が確実なら、育児嚢には赤ちゃんがいることを予測して世話をしましょう。

メスが精神的に安定しているかどうかは、子どもの心にも影響します。落ち着いた環境を作りましょう。騒がしくせず、適切な温度・湿度を維持し、掃除は手早くすませます。育児嚢の中を覗こうとしたり、子どもを無理に出そうとしないでください。

脱嚢したばかりの時期で、親が人に慣れていない場合には、子どもに人のにおいがつくと警戒します。触る必要があるときは、においのついていない手袋や使い捨て手袋を使うといいでしょう。

なお、子どもが脱嚢したらケージ内の寝床をひとつだけにしたほうがいいという意見があります。そうしないと、子どもと親が別の場所で眠り、子どもが低体温症に陥るおそれがあるからです。もし子どもが親と別の寝床にいるなら、親のいる寝床に連れていってあげてください。

●子育て中の食事

動物性タンパク質を十分に与えましょう。食べるものが偏っていてカルシウムが不十分と思われる場合は、カルシウム剤の添加をしてもいいでしょう。十分な量の新鮮な飲み水も欠かさず与えてください。

脱嚢2日目のリューシスティックのベビー。人間のにおいがベビーにつくと子食いや育児放棄の原因になるのでゴム手袋着用が必須です。

脱嚢20日目。手袋を外して直に触れ合いました。

脱嚢6日目、開眼したてのベビー。まだ油断できないので手袋をしています。

脱嚢20日目。お目めもパッチリ、愛くるしい表情です。

●離乳の開始

野生下では、脱嚢してから4ヶ月(生後6ヶ月)ほどで独り立ちします。

飼育下では、脱嚢後5週ほどから、離乳の準備を始められます。母乳も飲みますが、大人と同じものを食べるようになっています。親と同じメニューの中から柔らかいものを選んで与えましょう。

●子どもの独立

脱嚢後8週(生後4ヶ月)たったら、独り立ちさせることが可能です。親やきょうだいと離れ、急に寒くなることのないよう、暖かな環境を作ってあげてください。

脱嚢30日目。親と離れると直ぐに呼び泣きする甘えん坊さん。

脱嚢40〜50日。大きくなってもママにべったりで、ママは重くて移動が辛そうです。(ベビーの成長写真:chebさん)

同居を続けるか別居させるか

●子育て中のオス

フクロモモンガは、オスも子どもの毛づくろいをしたり、母親が食事をしている間は巣で子どもを守るなど、子育てに協力的です。メスがオスを拒絶したり、オスが子どもを追い立てるようなことがなければ、そのまま同居させていて問題ありません。

ただし、メスが嫌がっている様子が見られる場合は別居させたほうがいいでしょう。

●子どもの離乳後

生まれた子どもがメスの場合や、子どものなかにオスとメスがいる場合は、性成熟したあとで近親交配になる可能性があるので、離乳後の住み分けは注意が必要です。

親であるオスとメスは、それまで同居させていたならそのまま同居を続けられます。繁殖を望まない場合はオスの去勢手術をすることが可能です(176ページ参照)。

親であるオスとメスを別居させる場合、母親であるメスと、メスの子どもは同居を続けることが可能です。

父親であるオスと、オスの子どもの場合、子どもが幼いうちは同居が可能ですが、大人になったときにケンカになるおそれがあるので注意深く観察する必要があるでしょう。

繁殖にまつわるトラブル

子どもを育てなくなったら

母親が子どもを育てるのをやめてしまう、育児放棄が起こることがあります。理由はさまざまで、落ち着かない環境によるストレス、母乳の不足、子どもに先天的な障害があるときなどがあります。脱嚢後2週くらいで起こることが多いとする資料があります。子どもが育たないと判断したときは子食いすることもあります。

育児放棄が起きたときは人工哺乳をし、できるかぎり小さな命を助けてください。

人工哺乳のポイント

□温度

暖かくて暗く、ほどほどに湿度の高い環境を作りましょう。プラケースの中にフリースを厚く敷き、その上に汚れたらすぐ取り替えられるようにティッシュペーパーを敷いておきます。プラケースの下（内部ではなく外側）にペットヒーターを敷きます。

プラケース内の温度は、幼い場合は30～34℃くらいにしますが、成長するに従って下げていきます。湿度は50～60%ほどがいいでしょう。

（注）まだ被毛の生えていない個体には、皮脂を取ってしまうフリースではなくTシャツのような綿生地を使うほうがいいという報告があります。

□ミルク

脱嚢してから6週くらいまではミルクで育てます。ミルクは市販のフクロモモンガ用や、ヤギミルクを使うといいでしょう。6週以降はミルクと並行して柔らかくした大人の食事も与え始めます。

人肌くらいに温めたミルクを、1滴ずつ舐めさせるようにして与えます。無理に飲ませようとすると誤嚥して非常に危険です。

□排泄

幼いうちは自力で排泄することができません。最低1日2回、湿らせた綿棒で尾の付け根と総排泄孔の間を優しく刺激して排泄を促します。自分で排泄できるようになるまで続けます。

□記録

どのくらいミルクを飲んだか、排泄物の状態はどうか、体重の推移を記録しておくようにしましょう。

● 人工哺乳時の授乳回数の一例

脱嚢～脱嚢後2週：0.3～0.5ccを1～2時間ごと
脱嚢2～4週：0.5～1.0ccを2～3時間ごと
脱嚢4～6週：1.0～2.0ccを3～4時間ごと
脱嚢6～8週：2.0～4.0cc　ほかの食事も与える

人工ミルク

子どもが寝床から出ていたら

体を冷やす前に、母親のいる寝床に戻しましょう。素手で触って人のにおいがつくことを嫌がるケースもあるので、プラスチックのスプーンですくったり、においのついていない手袋や使い捨て手袋をしてそっとつかんで、戻してください。

わが家の工夫【人工哺育編】

完全脱嚢の翌朝にポーチから落ちて鳴いているところを発見し、お母さんに戻したのですが、その日の晩に再び落下。気付いてすぐに戻すと、体を丸めてベビーを拒否する姿勢を取ったのでベビーを一旦保温し、少し落ち着いた頃に再度引き合わせたのですが、袋にベビーが頭を突っ込むのを嫌がって逃げるため授乳してもらえないと判断、人工ミルクで育てる選択をしました。

人工哺乳開始時は、製品規定よりごく薄めのミルクで、まだ1mlも飲めないくらいだったので1時間置きくらいに与えました。人工ミルクの慣れないにおいや味に警戒して首を振るので、最初は口の端にミルクを置いて口の中に自然ににじみでていくのを待つ感じでの授乳でした。濃度が合わず、便の状態が悪いときは一旦ミルクを止めてブドウ糖とフェカリス菌のサプリメントを溶いた白湯を与えて腸を休ませてから、もう少し薄めた濃度でトライ、というふうに濃度には悩まされました。

排泄を促すさい、ティッシュで軽く刺激するだけではなかなか出ず、子育て経験のあるほかのフクモモに頼ったことも。いろいろ模索した結果、綿棒を体温より高めの40℃くらいのぬるま湯に浸して総排泄孔を刺激するとすんなり出るように。

ベビーが過ごす環境は、プラケースの下にヒーターを敷き、低温やけどにならないようにタオルでくるんだりポーチに入れた上でケースの中に入れていました。乾燥しやすいのでコットンや布の切れ端などを湿らせて小さな容器に入れてケース内を加湿し、また高温多湿環境になるのでカビのチェックは特に気を遣いました。

（Eryndilさん）

ミルク授乳中。口端にシリンジで少し乗せて、舌が動いて口元のミルクがなくなるとまた少し乗せる、の繰り返しです。成長に伴い、飲む量もスピードも上がっていきます。

自己主張が出てきてシューイと甘え声で飼い主に訴えかけるように。ケースから出す場合は、必ず自分の手を温めるか手袋をしたりしてベビーの体温が下がらないよう配慮しました。

現在の様子。母乳で育った子たちと遜色ない成長をしています。離乳後は近い月齢の子と一緒に暮らしたのでフクモモ同士の社会性も問題なく過ごしています。

FUKUMOMO PHOTO STUDIO
フクモモ写真館 Part 3

ひとつあげようか？

バンザーイ！

フクロ"モモ"ンガです?!

なにを大事そうに持っているの？

ごはん、まだかなー

抱きしっぽでグッスリ…

Chapter 8

PERFECT PET OWNER'S GUIDES

フクロモモンガの健康と病気

フクロモモンガを健康に飼うコツ

Chapter 8 フクロモモンガの健康と病気

なによりフクロモモンガを理解すること

　縁あってわが家にやってきてくれたフクロモモンガには、健康で長生きしてほしいものです。フクロモモンガが日本で飼育され始めた頃と比べれば、獣医療の進歩や適切な飼育管理方法が知られるようになったことなどによって、フクロモモンガの飼育下での寿命も伸びているだろうと想像できます。

　それでもやはり生き物ですから、なにかの病気になったりケガをしたり、体調がよくないということもあるかもしれません。できるかぎりそうしたことが起きないよう、フクロモモンガを健康に飼うためにはどうしたらいいのかを考えてみましょう。

※なお、十分に注意を払い、適切な飼い方をしても病気になることはあります。もともともっていた病気や生まれつき体が弱い個体もいますので、すべてが飼育方法に原因があるわけではありません。

健康な暮らしのための10ヶ条

1. 生態や習性を理解しよう

　夜行性、樹上性など、フクロモモンガは人とは大きく異なる暮らし方をしている動物です。その生態や習性を知ることが、よりよい飼育環境作りにつながり、フクロモモンガの健康を助けるでしょう。

2. 個性を理解しよう

　フクロモモンガも人と同じように個性、個体差があります。食事の好みや人との距離などにも大きくあらわれるでしょう。その個体がどんなキャラクターでなにを好むのかよく観察し、理解しましょう。

3. 適切な食事を与えよう

　以前は不適切な食生活による病気が多かったものです。近年ではフクロモモンガの

遊び好きのフクロモモンガ。いつも健康でいられるようにしたいもの。

食生活は大きく改良されてきましたが、偏食なだけに難しい点もあるもの。さまざまな工夫をしながら、適切な食事を与えましょう。

4. 適切な環境を整えよう

高さのあるケージを用意し、暖かな環境を作るなど、フクロモモンガの生態に合った住まい作りが必要です。また、退屈させないようにする工夫もフクロモモンガの飼育にあたってはとても重要です。

5. 十分なコミュニケーションをとろう

フクロモモンガは社会性のある動物です。飼い主はフクロモモンガの大切なパートナーです。日々、十分なコミュニケーションをとり、強い信頼関係を生涯にわたってずっともち続けてください。

6. 十分な運動をさせよう

飼育下ではどうしても運動不足になってしまいます。食事環境は満ち足りているため、肥満の原因にもなります。広いケージに楽しめるレイアウトを作ってあげたり、室内に出して遊ぶ機会を作りましょう。

7. 過度なストレスを遠ざけよう

退屈だったり、暑すぎる、寒すぎる、温度変化が激しすぎるといった飼育環境、その個体に合っていない接し方などはストレスの原因です。自咬症のきっかけにもなるので、強いストレスは与えないようにしましょう。

8. 健康チェックを行おう

病気の早期発見、早期治療のため、また、飼育環境改善のためにも、フクロモモンガの健康状態を常に観察することが大切です。毎日の暮らしのなかに、無理のない健康チェックの機会を取り入れましょう。

9. 適切な体格を維持させよう

丸々としている様子はかわいらしいですが、肥満体となると不健康です。逆に、太りすぎを気にしすぎて痩せているのもよくありません。十分な運動で筋肉もよく付いた、しっかりした健康体型を維持しましょう。

10. かかりつけの獣医師を見つけよう

病気のときはもちろん、健康診断や飼育相談などもできる、かかりつけの動物病院を見つけておくことはとても大切です。フクロモモンガを飼うことを決めたら、すぐに探すことをおすすめします。

食事管理も健康維持に重要です。

Chapter 8 フクロモモンガの健康と病気

健康チェックのポイント

健康チェックでSOSをキャッチして

　フクロモモンガは言葉で「体調が悪い」と伝えてはくれません。そのため、はっきりと体調の悪さがわかるようになったときには、病気が進行しているといったこともあります。できるだけ早くフクロモモンガの異変に気づくようにし、動物病院で診察を受けたり、飼育環境を見直すといったことが必要です。

　早いうちに動物病院での診察を受けることで、フクロモモンガに負担が少なく治療ができたり、治癒が早かったり、また、場合によっては飼育環境や食生活を変えることで病気の発症を防ぐことができるかもしれません。

　フクロモモンガが発するSOSをキャッチするために必要なのが、毎日の健康チェックです。

日々の世話に健康チェックを取り入れて

　健康チェックは、日々の世話のなかに取り入れてしまえばさほど大変ではなく行うことができます。

　食事の片付け、与えるときには、食べ残しの量が多くないか、いつも通りに食欲があるかを見ることができます。

　排泄物の掃除をするときは、片付けながら便や尿の状態をチェックできます。

　ケージ内外での様子を見るときには、体の動きはおかしくないか、痛そうにしているところはないか、同じ場所ばかり気にして毛づくろいしているようなことはないかなど観察する機会になります。

　体を触られることに慣れているフクロモモンガなら、傷やしこりなどができていないかといったことを遊びながら観察することもできるでしょう。

しぐさや行動がいつもと変わりないかチェックしましょう。

食欲も体調の良し悪しをはかることができます。

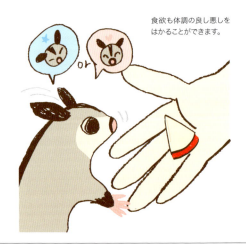

健康日記をつけよう

フクロモモンガの健康日記をつけておくと健康管理に大いに役立ちます。

食欲や排泄物の様子、活発さなどの項目をたてた表を作っておいて、チェックを入れられるようにしておくなどの方法があります。

毎日、記録するのが大変でも、定期的な体重測定の結果は記録しておいたり、フクロモモンガの周辺でいつもと違うことがあったときだけでもメモしておくと、あとになって参考になることもあります。家の周囲で工事などをしていて騒音や振動が大きかった、初めての食べ物を与えた、飼い主が忙しくて遊ぶ時間が減っていた、といったことなどです。

スマートフォンのアプリにペットの健康管理ができるものもあります。多くは犬猫用ですが、工夫して使うこともできるでしょう。

こうした記録は、体調の悪いときなどに見返すときっかけとなった出来事が推測できることも。動物病院での診察時にも役立つことと思います。動物病院に行くときは持参しましょう。

健康日記は毎日でなくていいので、記録しましょう。

動画を撮っておこう

フクロモモンガの行動や仕草が「変だな？」と思っても、動物病院で同じことをしてくれるとは限りません。おかしいなと思ったらスマホで動画撮影をしておけば、動物病院でそれを見てもらうことができます。

チェックポイント

食欲や食べ方をチェック

●食欲はある？

食事を与えたさいの食欲や、食べ残しの状態を見ましょう。多少の食欲の波があっても、大好物をすぐに食べようとしなかったり、一晩中なにも食べないようなことはありません。

●食べ方はおかしくない？

フクロモモンガは口をクチャクチャさせながらものを食べたり、食べかすをペッと捨てるようにしながら食べるのは普通ですが、食べながら唾液が流れ出ていたり、いつもと違う食べ方をすることがないでしょうか。

●採食量、飲水量の変化はない？

好き嫌いによって食べ残しがあることはあっても、食べ残しが多いことが続いていないでしょうか。

与えている食べ物の水分量がそれほど変わっていないのに、水を飲む量が大きく増えたり減ったりしていないでしょうか。

排泄物をチェック

● 便の状態に変化はない?
　下痢や軟便をしていないでしょうか。便の大きさが小さくなったり量が減っていないか、色に変化はないかなども観察しましょう。

● 尿の状態に変化はない?
　色の変化、量が増えたり減ったりしていないかなどもチェックします。

日常の行動をチェック

● グルーミング
　グルーミングをすること自体は正常ですが、体の一ヶ所だけを執拗に舐めたりかじったりしていることはないでしょうか。

● 排泄するとき
　便や尿をしながら、痛そうに力んでいたり、時間がかかることはないでしょうか。

● 歩き方、動き方
　ふらついたり、体をまっすぐに保てないということはないでしょうか。足を引きずったり、浮かせている足があったりしないかも見ます。

● 活発さ
　いつもは元気な活動時間なのに、じっとしていることはないでしょうか。過度に落ち着きがない、急に攻撃的になるなど、いつもと違うことがないかも観察します。

● 呼吸の様子
　頻繁にクシャミをしたり、鼻水を出していないでしょうか。開口呼吸や、全身を使って呼吸をしている様子はないでしょうか。

コミュニケーションのなかで健康チェックができます。

体の様子をチェック

◉皮膚や被毛
脱毛はないか、皮膚に傷やフケがないか、腫れやできものはないか、毛並みが悪くないかといったところをチェックします。

なお、オスの前額部の臭腺がある部分に脱毛が見られるのは正常です

◉目
いきいきと輝いているのが正常です。

目が白く濁っていないか、目やにが多くないか、傷がないかなどを観察します。

◉総排泄孔（そうはいせつこう）
出血や分泌物はないか、オスではペニスが出たままになっていないかをチェックします。

体重・体型をチェック

◉体重の変化
成長期や妊娠中ではないのに体重が急増していないでしょうか。体重が急に減少していないでしょうか。また、成長期なのに増加しないことはないでしょうか。

◉体型の変化
背骨のゴツゴツがすぐにわかるほど痩せすぎていないか、過度に太りすぎていないかを観察します。

> **気のせいじゃない「いつもと違う」**
>
> いつもフクロモモンガの様子をよく見ている飼い主が「具体的にどこがおかしいというわけではないが、なんとなくいつもと違う気がする」と感じるときは、実際になにか問題があるかもしれません。そのほかの健康状態もよく観察し、気になるなら動物病院で診察を受けましょう。

目の輝き、被毛の艶やかさもチェック！

フクロモモンガと動物病院

Chapter 8
フクロモモンガの
健康と病気

早いうちに始めたい
動物病院探し

　フクロモモンガも含む「犬猫以外の小動物」は「エキゾチックペット」と総称されています。近年ではエキゾチックペットの診察を行う動物病院も増えてきましたが、従来どおり犬猫のみを診察する動物病院のほうがまだまだ多いといえるでしょう。また、エキゾチックペットを診察する動物病院が増えたとはいえ、地域差もあります（都心部に多く、地方に少ない傾向）。このようなことから、フクロモモンガを迎えるにあたっては、診察してもらえる動物病院を探しておくというのがとても重要な課題となります。

　家から楽に通える場所にフクロモモンガを診てもらえる動物病院があることを確かめたうえで飼育を開始するのが理想的ですが、すでに迎えているなら、なるべく早く探しておきましょう。

動物病院の探し方

● 近所に動物病院があれば、フクロモモンガを診察してもらえるか問い合わせてみましょう。もしその動物病院で診てもらえなくても、エキゾチックペットを診てくれる動物病院を紹介してくれるかもしれません。

● インターネットで「フクロモモンガ　動物病院　（お住まいの地域名）」などのキーワードを入れて検索してみましょう。

● フクロモモンガを購入したペットショップに聞いてみましょう。

● フクロモモンガの飼い主が知り合いにいれば聞いてみましょう。インターネットでの飼い主の口コミが参考になることもあります。ただし、その飼い主と獣医師との相性のよしあしや主観的な評価が入っていることも念頭にして判断しましょう。

● 診てもらえる動物病院が遠い場合もあります。また、休診日があったり、診察時間は朝から夕方くらいまでが一般的です。近所にあって緊急時に駆けつけられる動物病院、休診日が異なる動物病院、夜間に対応可能な動物病院も調べておくと安心です。

わが家のかかりつけ医と出会う

　フクロモモンガを診てもらえる動物病院が見つかったら、健康診断を受けに行きましょ

動物病院へ行くときに備えて、キャリーにも慣れさせておきましょう。

う。そのときの健康状態を診察してもらうのが第一の目的ですが、病気になってから初めて診てもらうのではなく、健康なときの状態を知っておいてもらうことも大切です。健康なときの検査データを調べておけば、具合が悪いときに比較することができるからです。少なくとも年に1度、高齢になったら半年に1度くらいは健康診断を受けることをおすすめします。

また、飼育方法で気になることがあれば相談するいい機会になります。病気のフクロモモンガを診てもらうときには不安や心配な気持ちも大きいと思いますが、健康なときなら落ち着いて獣医師と話をすることができるでしょう。人同士なのでどうしても相性というものもあります。質問のしやすさや説明のわかりやすさ、信頼して大切な動物を診ていただけるかも考え、「わが家のかかりつけの先生」を見つけましょう。

なお、動物病院に行くさいには、診察時間や受付時間、予約制なのかどうかを

小さな小さなフクロモモンガ。
健康を守るのは飼い主です。

確認しておきましょう。また、クレジットカードが使えるか、ペット保険への加入を考えているならペット保険に対応しているかといったことも確かめておくといいでしょう

緊急の場合を除いて、時間には余裕をもっておきましょう。予約制であっても、前の診療が長引く場合、自分の動物の診療に思った以上に時間がかかる場合などもあります。

ペット貯金のすすめ

動物病院を受診すると診療費がかかります。犬や猫に比べると体が小さいから費用が安い、ということはなく、手術や入院をするとなれば数万円かかることもあるものです。フクロモモンガの医療費にどのくらいの金額が割けるかは各家庭によって異なりますが、高額になる治療を提示されたときに応じることのできる準備をしておくのはとてもよいことだと思います。

フクロモモンガが加入できるペット保険もありますが、多くはありません。ペット保険に入るのもいいことですが、入ったつもりの「ペット貯金」もいい方法でしょう。

医療費に限らず、ケージや家電の買い替えなど、寿命の長いフクロモモンガとの暮らしにかかる出費を見越したペット貯金はおすすめです。

フクロモモンガに多い病気

Chapter 8
フクロモモンガの健康と病気

フクロモモンガと病気

　フクロモモンガも人や犬猫と同じようにさまざまな病気になる可能性があります。基本的な体のしくみや機能はほとんど同じなので、共通する病気も多々あります。近年になってペットとして飼われるようになったフクロモモンガの病気についての研究は、現在進んでいる最中で、まだわからないことも多いという現状はありますが、それでも日々、進歩を続けています。獣医療の進歩や飼育管理レベルの向上によって、以前は多かった病気が減ってくるなど、なりやすい病気の変化も見られています。たとえば、食べ物の偏りが原因で起こりやすい代謝性骨疾患や若齢性白内障などは以前に比べれば減少しています。

　ここでは、現在フクロモモンガによく見られる病気を中心にとりあげます（掲載されていない病気にはならないわけではありません）。

病気になる前に知っておきたいこと

　病気になる原因はさまざまですが、飼育管理や接し方に注意することで予防できるものもあります。飼育しているフクロモモンガが健康でも、どんな病気になる可能性があるのか、それがどんな病気なのか、そしてどうすれば予防が可能なのかを知っておくといいでしょう。起こる症状がわかっていれば病気の早期発見にも役立ちます。

　まず「病気にさせない」飼い方をすることが重要ですが、様子がおかしいなと思ったときには自己判断せず、フクロモモンガを診てもらえる動物病院で診察を受けましょう。

フクロモモンガの3大疾患

- 自咬症（じこうしょう）
- 栄養性の病気
- ペニス脱（だつ）

自咬症

どんな病気？

　さまざまな理由で、自分の体を自分自身で舐めたりかじったりして傷つけてしまう「自傷行為」という問題行動を起こす病気を自咬症（じこうしょう）といいます。飼育下のフクロモモンガに非常に多く見られます。深刻な外傷が起きることも少なくありません。

　最初は舐めている程度ですが、それが頻繁になり、かじるようになります。痛くてもやめずに鳴き声をあげながらかじり続けます。フクロモモンガにとっても、また、飼い主にとってもとてもつらいものです。

　自傷行為を起こす原因には身体的なものと精神的なものがあり、また、それらが複合していることもあります。

●身体的な原因

体への違和感、痛みやかゆみなどがきっかけとなります。わずかな傷でもフクロモモンガがそれに違和感をもつと、自傷を始めることがあります。

そのほかには絞扼(こうやく)(177ページ参照)、尿路感染症や細菌、原虫などの感染があるときの総排泄孔(そうはいせつこう)、感染して炎症が起きている育児嚢(いくじのう)、消化器の病気で不快感や痛みがあるときの腹部など、また、超音波検査のときに塗ったゼリーがきれいに拭き取れていない、手術のために毛を剃ったこと、手術後の縫合糸、薬を塗った部位などをかじります。

●精神的な原因

退屈や寂しさ、ストレスなどがきっかけとなります。具体的には、単独飼育で仲間がいないうえ飼い主とのコミュニケーションが足りない、慣れていないのにかまいすぎるといった不適切な接し方、ケージが狭すぎたり退屈な環境、騒々しかったり、犬や猫などがそばにいるといった不適切な環境などがあります。

また、性成熟したオスが、交尾できるメスがいないために性的フラストレーションによって自傷行為を行ったり、過度なペニスのグルーミングによってペニス脱(だつ)(164ページ参照)を起こしてそれをかじることもあります。

どんな症状?

●自傷行為が起きる部位

多いのは陰部や胸部で、陰部ではペニス脱、総排泄孔のそばにある臭腺の詰まりや炎症、総排泄孔の炎症など、胸部では臭腺の詰まりや炎症などがきっかけとなります。

ただし自傷行為は口さえ届けばどこにでも起こります。四肢の指、尾、腹部、メスなら育児嚢などもかじる対象となってしまいます。

●自傷行為の予兆

特に精神的な原因による場合、自傷を始める前に予兆と考えられるものがあります。無気力、遊びたがらない、食欲の変化(食欲がない、食欲亢進)、睡眠のパターンが変わる(夜になっても活発に遊ばずに寝ている、昼間も起きている)、慣れたのに鳴いてばかりいる、攻撃的になったように感じる、常同行動(同じ場所を行ったり来たりするなどのストレスによる行動)を長い時間行っている、といったものです。

●自傷行為による症状

最初のうちはよく舐めているため、被毛がゴワゴワしてきたり、脱毛が見られる、皮膚が赤くなるといった症状が見られます。同じ場所を執拗に舐め続けて皮膚を舐め壊したり、かじることで皮膚が傷つくと、炎症を起こします。

自傷行為がエスカレートすると皮膚や皮下の組織もかじり、筋肉組織や骨にまで達することもあります。ペニスをかじる場合には断裂してしまったり、尾の根元にいたるまでかじってしまうケースもあります。

どんな治療?

傷そのものの治療と、原因となっている病気があるならその治療、そして飼育環境の見直しが必要となります。

傷の治療は状態により、止血、消毒、縫合、鎮痛剤の投与、抗生物質の投与などを行います。

　手足や尾、ペニスが壊死している場合には切断するという選択肢もあります。フクロモモンガはペニスの付け根から排尿するので、先のほうを切断しても排尿の妨げにはなりません。

　しかし、傷を治療すれば治るとは限らないのが自傷行為の問題点で、治療したところをまた気にしてかじることもあります。そのため、エリザベスカラーを付けて患部に口が届かないようにする必要もあります。

　原因となる病気があるならその治療を行います。

　退屈させない住まい作りや、フクロモン

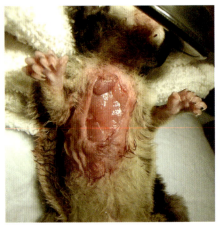

胸部の自咬症の例。オスの胸部の臭腺が顕著に発達し、臭腺の詰まりや炎症などが自傷の原因となってしまうことがあります。

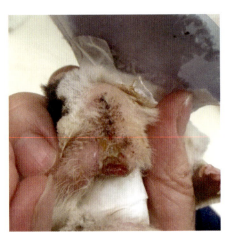

右肩部の自咬症の例。フクロモモンガでは、口さえ届けば体のどこでも自傷行為が起こります。

尾と総排泄孔の断裂が見られた自咬症の例。自傷行為は陰部で見られることが多いです。

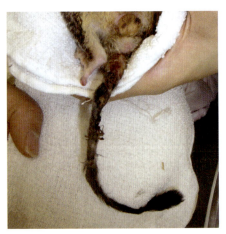

尾に起こった自咬症の例。

ガとのコミュニケーションを十分に取るといった飼育環境の見直しもとても重要です。

また、場合によっては精神安定剤を投与することもあります。

どうやって予防？

小さな傷でも気にする個体もいるので、ケガをさせない安全な住まいを用意しましょう。

退屈させず楽しい刺激のある生活をさせることも大切です。特に単独飼育している場合は、フクロモモンガにとっては飼い主が唯一の仲間です。飼い始めた頃はたくさんの遊ぶ時間を作っていたのに年月が経つとともにあまり遊ばなくなるということがありますが、生涯にわたって愛情をかけてあげてください。

オスでは去勢手術をすることで性的フラストレーションが落ち着く場合もあります。

エリザベスカラー

手術をしたときに傷口をかじらないようにするためなどに使うものです。大きな襟を首の周囲に巻きつけているような形状をしていて、プラスチック製や布製のものがあり、小動物用が市販されています。

合うサイズのものをクリアファイルや厚手のフェルトなどを使って手作りすることもできます。首のサイズに合わせて扇状にカットし、プラスチック製の場合は痛くないように首に当たる部分にフリースやフェルトなどを貼ります。これをきつくないように首に巻き、テープで止めます。

エリザベスカラーを付けていると、ケージに登り降りしたりポーチに入るなどの普通の行動が妨げられるので、ストレスにはなるでしょう。しかし繰り返し自傷することを考えれば、少なくとも傷が治るまでは必要かもしれません。食事ができているか、水が飲めているかを確認しましょう。必要に応じて食事には手を貸してあげてください。また、首にあたる部分に傷ができていないかも時々、確認しましょう。

傷口をかじらないようにするためのエリザベスカラーの装着例。首にあたる部分に傷ができていないか、確認が必要です。

長期間の装着が必要な場合は、医療用の布テープなどを利用して胴輪を作り、それにエリザベスカラーを付ける方法もあります。

ペニス脱

どんな病気?

ペニス脱は、フクロモモンガに多い病気のひとつです。陰茎脱ともいいます。

フクロモモンガのオスは性成熟すると、グルーミングのため、遊び、性的フラストレーションなどがあるため、ペニスを出していることがあります(通常は総排泄孔の中にあります)。

そのこと自体は異常ではありませんが、長い時間、出たままになっていると、ペニスが乾燥して戻りにくくなったり、元に戻らなくなることがあります。

すぐに戻れば問題ありませんが、時間が経つと壊死したり、自傷行為を始めるきっかけになったりします。

どんな症状?

ペニスが出たままになっています。時間が経つと赤黒く腫れたり、壊死して黒くなります。ペニスを気にして舐めたりかじったりしている様子で気づくこともあります。

なお、フクロモモンガのペニスはふたまたに分かれているのが正常です。

どんな治療?

乾燥して戻らない場合は家庭での処置で戻ることがあります。ペニスに生理食塩水を塗るなどして湿らせます(183ページ参照)。時間が経って戻りにくいときは、動物病院で処置をしてもらいましょう。

ペニス脱を何度も繰り返す場合や、自傷行為を行っていたり、出たままになったペニスが壊死したときなどには、ペニスを切断する場合があります。フクロモモンガのオスのペニスは、ふたまたに分かれた根元の部分に尿道の出口があるので、先端を切っても排尿には支障ありません。

どうやって予防?

日頃の観察で早期に発見して処置をし、悪化させないようにします。

ペニス脱の症例。出たままになったペニスの先が壊死して、黒ずんでいます。

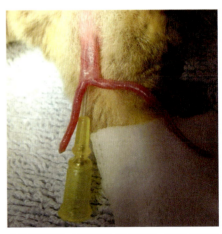

オスの外部生殖器。フクロモモンガのペニスは、ふたまたに分かれています。

代謝性骨疾患・低カルシウム血症

どんな病気?

現在は飼育管理、特に適切な食事が与えられるようになったことから減ってきましたが、かつてフクロモモンガが飼育されるようになってからしばらくの間は、とても多い病気でした。主食としてヒマワリの種を与えるといった飼育方法が取られていたためです。現在でも食生活に問題があるとなりやすい、フクロモモンガに多い病気のひとつです。

代謝性骨疾患は、骨が作られる仕組みがうまく働かずに骨に異常が起こる病気の総称で、くる病、骨軟化症、骨粗しょう症などがあります。骨異栄養症ともいいます。

骨は、成長期には成長にともなって長くなったり太くなったりしますが、成長が止まるとそれ以上伸びたり太くなったりはしません。しかし骨そのものは、骨を作る細胞による骨形成と骨を壊す細胞による骨吸収が繰り返され、常に新しい骨が作られているのです。ところがなにかの理由で新しい骨が作られにくくなると、骨に異常が起こります。骨が弱くスカスカになり、曲がったり、骨折しやすくなったりします。

フクロモモンガでは、食事の栄養バランスの悪さ、特に、カルシウム不足、カルシウムとリンの不均衡、小腸からカルシウムやリンの吸収を促進して骨を作る働きのあるビタミンDの不足などが原因となります。ほかにはホルモン異常も代謝性骨疾患の原因となります。

診断は、レントゲン検査で骨密度や骨のゆがみを確認し、可能なら血液検査によって血中カルシウム濃度などを測定します。普段の食事内容(実際にフクロモモンガがなにを食べているか)も、診断の助けとなります。

どんな症状?

動きたがらず不活発になり、ケージの登り降りをしなくなります。布に爪が引っかかっても自力で外せなくなることがあるため、爪が伸びすぎていると思ってしまうこともあります。

関節が腫れたり、骨の形成不全によって骨が弯曲します。うまく歩けなくなります。

骨がスカスカになると、強い力がかからなく

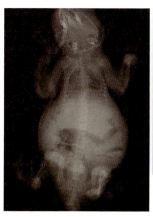
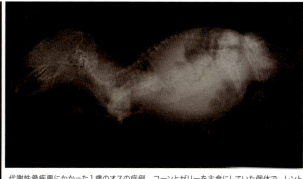

代謝性骨疾患にかかった1歳のオスの症例。コーンとゼリーを主食にしていた個体で、レントゲン検査で骨密度や骨のゆがみを確認すると、全身の骨が薄く、上腕骨と大腿骨の弯曲が見られました。

ても骨折することがあります。

低カルシウム血症では、後ろ足や四肢の麻痺（まひ）や、筋肉の痙攣（けいれん）が見られます。

低カルシウム血症だと腸の蠕動運動（ぜんどううんどう）が異常となって下痢をしたり、骨格の形成不全があって骨盤が狭くなっていると排便困難となり、便秘をするなど、排便の異常が起こることもあります。

どんな治療？

代謝性骨疾患（たいしゃせいこつしっかん）では、血中のカルシウム濃度が異常なことが多く、代謝性骨疾患のフクロモモンガも低カルシウム血症を併発していると考えられます。低カルシウム血症は、何らかの理由で血液中のカルシウム濃度が異常に低くなる病気です。

血液検査でカルシウムの血中濃度を確かめることは難しい場合もあるため、はっきりと低カルシウム血症だと診断ができないこともありますが、代謝性骨疾患とみられる場合には、低カルシウム血症にもなっていると考え、その治療が行われます。

カルシウム剤やビタミンD_3製剤を投与するとともに、日常の食事を見直し、カルシウムとリンの不均衡に注意します。

症状によっては、ケガを防ぐために大きいプラケースや衣装ケースなど、高さのあまりないもので飼ったほうがいい場合もあります。レイアウトはなるべくシンプルなものにしますが、隠れられる場所を作ってあげると安心です。

どうやって予防？

栄養バランスのいい食事を与えましょう。フクロモモンガは偏食傾向にあり、いろいろなものを与えても好物ばかり選んで食べることもあります。バランスよく食べていることが重要です。

どうしても偏りがある場合は、獣医師と相談しながらカルシウム剤やビタミンD_3製剤を与えるのもいいでしょう。

痙攣発作を起こしています。種子類を主食としていたそうで、痙攣の原因として低カルシウム血症が疑われます。

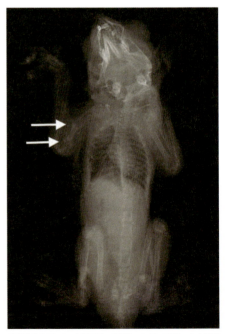

代謝性骨疾患による病的骨折の症例（レントゲン写真）。左上腕部骨の2ヶ所で骨折（矢印）が見られます。ナッツ類や果物を主食としていた1歳のメスです。

栄養性の病気

飼育下のフクロモモンガに見られる栄養性の病気の多くは、不適切な食事内容が原因です。

前述の代謝性骨疾患（165ページ参照）のほかには、母親の肥満などが関与している若齢性白内障（173ページ参照）、タンパク質の少ない食事を与えていることによる低タンパク血症、貧血が知られています。

また、栄養バランスの悪い不適切な食事によって栄養失調を起こすこともあります。毛並みが悪く、痩せ、免疫力が低下するので病原菌に感染しやすくなります。

それ自体は病気ではありませんが、肥満も注意すべきもののひとつです。

肥満

肥満は病気ではありませんが、過度な太りすぎにはさまざまなリスクがあります。

野生下のフクロモモンガは高タンパクな昆虫類や、糖質の多い花蜜などを食べていますが、運動量が多く、摂取カロリーよりも消費カロリーのほうが多いので、太りすぎることはありません。

ところが飼育下では、脂質やタンパク質が多く、高カロリーな食べ物を食べているのに運動量が少ない傾向にあり、太りやすい環境にあります。

おやつを手から与え、それを食べているのを見るのもフクロモモンガ飼育の楽しみのひとつではありますが、ついついあげすぎてしまうこともあります。

適切な食事を与え、十分な運動をさせ、がっちりした筋肉質の体格を維持することが大切です。

●肥満のリスク

過度な肥満による問題点には以下のようなものがあります。

- 脂肪肝、高脂血症、心臓疾患、腎臓疾患、糖尿病などになりやすい。
- 熱中症になりやすい（過剰な脂肪のために体熱が放散されにくい）。
- 皮膚疾患を起こしやすい（セルフグルーミングがうまくできなかったり、たるんだ皮膚がひだ状になり、湿っぽくなる）。
- 体を支える関節や骨への負担が大きくなる。
- 麻酔のリスクが高くなる（心臓や肺に負担がかかる、覚めにくい、手術に時間がかかるなど）。
- 免疫力が低下する。
- 健康チェックや触診がしにくい（皮下脂肪がじゃまになる）。
- メスの場合には子どもに若齢性白内障の発症リスクがある。

● 肥満の見きわめ

顎など首周り、前足の付け根、胸部、腹部などの肉がだぶつく、背中に触れても背骨のゴツゴツがわからないといったことがあると太りすぎです。

● ダイエットの注意点

まずは動物病院で健康診断を受け、本当に太りすぎなのかをチェックしてもらってください。また、なにか病気はないのかを確認し、必要に応じて治療を受けましょう。運動量が少ないことも肥満になる原因のひとつですが、代謝性骨疾患などで体を動かすのが難しくて運動できないケースもあります。

肥満以外に健康状態に問題がなければ、適正な体格になるよう、飼育環境の見直しや食事管理を行います。

運動する機会を増やしましょう。ケージを広くする、回し車や止まり木などのおもちゃを入れて活発に動くきっかけにする、可能なら部屋に出して遊ばせるといったものがあります。

食事管理は、高タンパクな食事が必要とされ、糖質の多いものを与える機会の多いフクロモモンガではなかなか大変かもしれません。まずできることとしては、おやつの見直しでしょう。糖質や脂質が多すぎるものは避けましょう。

日々の食事メニューは量を減らすのではなく質を見直します。絶食をさせるような方法はとらないでください。適切な食事内容にしたうえで、そのなかからフクロモモンガが好むものをおやつにすれば、与えすぎを防ぐことができます。

食事内容は急激に変化させず、様子を見ながら徐々に行いましょう。便の状態や体格などをよく観察してください。

与え方も、あちこち動き回らないと食べられないよう複数の食器をケージ内に配置したり、一気に食べてあとは寝ているようなことのないように少しずつ何度かに分けて与えるといった工夫をするのもいいでしょう。生きた昆虫類を与えて「狩り」をさせるのも、好物を与えながら運動量も増やせる、一石二鳥の方法です。

なお、成長期、高齢期にはダイエットはさせないでください。成長期には十分な食事を与えることが必要ですし、高齢になってからの無理は禁物です。

肥満のフクロモモンガ。全身に皮下脂肪がついています。

下痢をともなう病気

どんな病気？

フクロモモンガにはさまざまな原因で下痢が見られます。下痢による腹部や総排泄孔の痛みや違和感が、自傷行為を引き起こすこともあります。

年齢を問わず起こりますが、幼い個体では命取りにもなり、注意が必要です。

●感染によるもの

感染性のものとしてはサルモネラやクロストリジウム、大腸菌などの細菌、コクシジウム、ジアルジア、トリコモナスなどの原虫の感染によるものがあります。

健康なら問題なくても、免疫力が低下していたりしてこれらの病原体が増殖すると、下痢などの症状が見られます。

●低カルシウム血症の影響

低カルシウム血症があると、腸の蠕動運動が異常になるため下痢をします。

●食事によるもの

食事に起因するものも多く見られます。下痢をすることが知られているものとしては、牛乳があります。乳糖を分解できないためです。また、柑橘類はお腹をゆるくする作用があるので与えすぎると下痢をすることがあります。

その食べ物自体に問題がなくても、食べたことのないものを急にたくさん食べると、下痢することがあります。

●ストレスによるもの

ストレスも下痢の原因のひとつです。ストレスが自律神経に影響し、腸の正常な動きを阻害するためです。不適切な飼育環境や、環境の急変などによります。一時的な場合

下痢の症例。下痢がひどくなると、水のような便をします。下痢が続くと脱水症状などを起こします。

下痢便。原因は感染性、食事起因性、ストレス性などさまざまなことが考えられます。

が多いですが、不適切な環境が続くと、下痢や軟便が続いたり、時々見られたりします。

寒かったり、急激な温度変化があることも下痢を引き起こします。

どんな症状？

軟便、下痢便が見られます。ひどくなると血が混じっていたり、水のような便をします。総排泄孔（そうはいせつこう）の周囲が便で汚れます。痛みがあるためじっと丸まっていることもあります。下痢が続くと体重の減少、脱水が見られます。成長期に原虫が寄生していると成長の遅れがあります。

どんな治療？

検便をして病原体を調べます。細菌感染なら抗生物質を、原虫の寄生なら抗原虫薬や駆虫薬を投与するなど、病原体に応じた投薬を行います。

駆虫薬は、原虫のライフサイクルを考え、7～10日ほど続けて投与します。

下痢によって脱水状態になっている場合は補液をします。

多頭飼育している場合、寄生が確認された個体は分け、駆虫が終わるまで別々に飼いましょう。

排泄物の掃除をこまめに行い、再感染を防ぎましょう。

どうやって予防？

適切な食事を与え、掃除や食べ残しを放置しないなど衛生面の管理をし、ストレスのない暮らしをさせましょう。

新しいフクロモモンガを迎えたときは家庭内検疫（114ページ参照）をしてください。

原虫のライフサイクル

フクロモモンガに寄生することが知られている原虫にはジアルジアやトリコモナスなどがあります。

原虫は単細胞の寄生虫です。動物の体内に入り、未成熟なオーシスト（卵のようなもの）を生み、これが動物の便と混じって排出されます。数日経つと、オーシストが成熟してその中に胞子が作られ、成熟オーシストとなります。これが動物の口から入り、体内でオーシストからスポロゾイトという虫体が脱出します。腸内で増殖し、その一部が有性生殖によってオーシストを形成し、また便と一緒に排出される、というライフサイクルを繰り返します。

体外に出たオーシストは、数ヶ月間は感染力をもつので、きちんと掃除をしていないと、感染が繰り返されることになります。

駆虫薬は通常、成虫に対してしか効果がないので、一度投薬しただけでは卵が生き残ります。そのため、繰り返しの投薬が必要となるのです。

便秘

どんな病気?

フクロモモンガは便秘をすることがあります。

食事量が少なかったり、食事中の繊維質不足、水分不足、また、運動不足、ストレスも便秘の原因となります。

代謝性骨疾患(たいしゃせいこつしっかん)があり、骨盤が変形して排泄が困難になることも知られています。

フクロモモンガでは消化管にものが詰まって腸閉塞(ちょうへいそく)を起こすことはあまり多くありませんが、ナッツやレーズンなどが詰まったケースがあります。また、ポーチなどの布をかじって繊維片を飲み込んでしまう可能性もあるかもしれません。

腸閉塞を起こしているときも、便秘の症状が見られます。

どんな症状?

便の量が少ない、小さく水分の少ない便が出る、便が見つからないほか、排便時に力んでいたり、排便のさいに痛みで鳴き声を上げるといったこともあります。腹部にガスがたまり、痛みがあるので腹部を触られるのを嫌がるといったこともあります。

どんな治療?

繊維質の多い食事を与え、飲水量も増やすようにします。それでも改善しないときは、下剤や毛玉除去剤を投与します。浣腸(かんちょう)をする場合もあります。

どうやって予防?

日頃から栄養バランスのよい食事と、十分な飲み水を与えるようにしましょう。運動の機会を多く作りましょう。

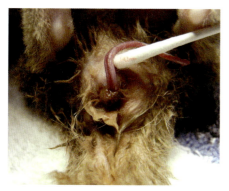

便秘のフクロモモンガ。総排泄孔に詰まっている便を押し出しています。ピンクのものはペニス。

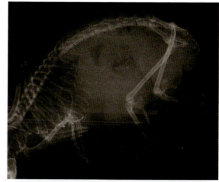

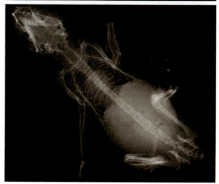

便秘症例のレントゲン写真。8歳のメス。腸内に一部ガスの貯留が見られますが、全体的に腹部の透過性が悪いのがわかります。

角膜炎・角膜潰瘍

どんな病気?

角膜は眼球の最も前側にある透明な膜で、光を屈折させるレンズの役割や、眼球を保護する役割があります。眼球の一番外側にあるため、外部からの衝撃で傷つきやすい場所です。

角膜が傷つき、細菌感染などによって炎症を起こすものを角膜炎といいます。

角膜は、大きく分けると外側から「上皮」「実質」「内皮」の三層で構成されていますが、炎症が進行して角膜に穴が開き、実質層まで冒されるものを角膜潰瘍といいます。

フクロモモンガの目は大きく突出していますし、目に指などを近づけても目を閉じないので、目を傷つけやすいのです。

角膜が傷つく原因は、ケンカ、グルーミングをしているときに自分の爪で傷つける、ものにぶつかったり、こする、細かなホコリが目に入ったときに自分でこすってしまうといったことがあります。

フクロモモンガの周囲で刺激性のある消毒剤を使ったり、ケージ内が不衛生なためにアンモニア濃度が高くなることなども角膜を傷める原因です。

どんな症状?

涙が増えたり、目やにが出ます。まぶたの痙攣が見られることがあります。

角膜に傷があると痛みがあるため、目を気にしたり、目の周囲を触られるのを嫌がります。また、羞明感(光を異常にまぶしがること)もあります。ひどくなると角膜が白濁したり、ものがよく見えなくなります。

どんな治療?

抗生物質や抗炎症剤の点眼薬を投与します。もし目を気にするようなら、こすったり引っかいたりしないようにエリザベスカラーを付けることもあります。

どうやって予防?

ケージ内にものをたくさん置きすぎたりしないなど、フクロモモンガの暮らす環境からできるだけ危険なものを取り除きましょう。多頭飼育している場合、頻繁にケンカしているようなら分けたほうがいいでしょう。

左右の目の羞明感と流涙が見られ、眼科検査で角膜の傷が確認されました。

角膜炎により左目の角膜が白濁し、羞明感と流涙が見られます。

白内障

どんな病気?

白内障は目のピントを合わせる働きをする水晶体という部分が白く濁り、視力が低下する病気です。

高齢になると増える病気のひとつですが、フクロモモンガではそのほかに、母親の肥満によるものと考えられる先天性の若齢性白内障が知られています。以前はよく見られる目の病気のひとつでしたが、適切な飼育管理が行われることによって、この理由による若齢性白内障は現在では減少しています。若齢性白内障の原因はほかにも、ビタミンAの欠乏や育児嚢内での感染などが考えられています。

白内障を発症するといずれ視力を失いますが、フクロモモンガは嗅覚や聴覚にも大きく依存している動物なので、飼育環境を急激に変えることのないようにすれば、生活にはあまり支障がありません。

どんな症状?

目に白い斑点が見えたり、白く濁ります。視力を失うこともあります。

どんな治療?

進行を遅らせることを期待して点眼薬や犬用の眼科サプリメントを投与することがあります。犬では手術によって眼内レンズを入れる方法がありますが、フクロモモンガでは行われないのが普通です。

どうやって予防?

栄養バランスのよい食事を与えることで、その子どもが若齢性白内障を発症することを防ぎましょう。老齢性白内障の予防は難しいですが、目が白いことに気づいたらできるだけ早く診察を受けるといいでしょう。

若齢性白内障を発症したフクロモモンガのきょうだい。

左目に白内障が見られます。

両目に白内障、右眼球に軽度の突出が見られ、緑内障が疑われます。

歯の病気

●歯の破折

　フクロモモンガに多い歯の病気には、切歯の破折があります。ものにぶつかるなどして、切歯を折ってしまうものです。

　歯髄が露出し、そこから細菌感染して歯根部に膿がたまると、顔が大きく腫れ上がることがあります。

　歯髄が露出していると痛みがあるので、保護する処置をとります。感染があるときは抗生物質を投与します。症状によっては抜歯することもあります。

●歯周病

　フクロモモンガの歯はげっ歯目のモモンガとは異なり常生歯（伸び続ける）ではありません。そのため、歯の過長や不正咬合にはほとんどなりませんが、柔らかく、炭水化物の多いものを食べていると歯垢がつきやすくなります。歯垢が歯石となり、蓄積すると、歯肉炎や歯周病が起こります。

　ものがうまく食べられなかったり、食欲がなくなる、歯茎が腫れるなどの症状があります。

　歯石が付着している場合には、スケーリング（歯石を削る）をすることもあります。

　フクロモモンガの食べ物には柔らかいものも多いですが、外骨格をもつ昆虫類を与え、それを食べることによって、歯垢をつきにくくする効果が期待できるかもしれません。

下顎切歯の破折。げっ歯目のモモンガと異なり、歯は伸びません。

歯周病と歯肉炎を発症したフクロモモンガ。

皮膚の病気

●自咬症
（160ページ参照）

●末端の壊死

　耳介辺縁（耳のへり）や四肢の先（指や手足）が壊死することがあります。原因はよくわかっておらず、血行不良などではないかと考えられています。

　耳介辺縁の壊死では、初期には耳介が赤くなり、その後、黒くなって壊死が進

み、最終的には耳介が固く縮んだり、脱落します。

四肢の先でも同様に、最終的には指の先や手足の先が脱落するケースがあります。

原因がよくわからないため予防は難しいですが、おかしいなと思ったらなるべく早く動物病院で診察を受けましょう。

● 脱毛

性成熟したフクロモモンガのオスの前額部（臭腺がある場所）に脱毛があるのは正常ですが、臭腺とは関係のない場所に左右対称性の脱毛が見られることもあります。こうした左右対称性の脱毛は高齢のメスでも見られます。ホルモンバランスが影響しているのではないかと考えられますが、わかっていません。

そのほかにも、ストレス性や栄養性の脱毛が知られています。

● 皮下膿瘍

傷から細菌感染し、皮下膿瘍（皮下に膿がたまる）ができることがあります。フクロモンガは、パスツレラ菌（*Pasteurella multocida*）に感染することが知られています。多くのウサギがもっている菌なので、フクロモモンガとウサギを飼っている場合は接触に注意したほうがいいでしょう。

また、膿瘍や細菌感染によるものと考えられる顔面の膨脹がよく見られます。

腫瘍

多くの小動物では高齢になると腫瘍が増えますが、フクロモモンガでは腫瘍はあまり多くありません。

それが動物種としての特性なのか、今後高齢のフクロモモンガが増えてくることによって増えるのかはまだわかっていません。

ただし、リンパ腫や骨肉腫をはじめ、報告のある腫瘍もあり、腫瘍にならないわけではありません。

耳介辺縁が壊死しているフクロモモンガ。

左右対称性脱毛。臭腺とは関係のない場所で脱毛することも。

フクロモモンガで細菌感染が原因と思われる顔面膨張が見られます。

細菌性肺炎

どんな病気?

肺や気管支への細菌感染による炎症です。原因菌はパスツレラ菌、大腸菌、クレブシエラ菌、緑膿菌(りょくのうきん)、スタフィロコッカス菌、ストレプトコッカス菌などが知られています。このパスツレラ菌も前述のようにウサギの保菌率が高いものです。

炎症は軽ければ上気道(鼻、鼻腔、咽頭、喉頭)までで収まりますが、進行が進むと気管支炎や肺炎を起こします。

環境の変化や急に寒くなるなどの温度変化、すきま風の吹き込む場所での飼育、不衛生な場所での飼育、栄養バランスの悪い食事による栄養不良などが発症のきっかけとなります。幼い個体や免疫力の衰えた個体では悪化しやすいでしょう。

どんな症状?

初期にはクシャミや鼻水が見られます。咳をしたり、呼吸時の異音、早く苦しそうな呼吸や、進行すると食欲不振、衰弱し、死亡することもあります。

どんな治療?

抗生物質を投与します。症状に応じて気管支拡張剤などをネブライザーで吸入させたり、酸素室に入れます。

どうやって予防?

暖かく衛生的な飼育環境を保ってください。保温性のよいアクリルケージで飼育するのもいいでしょう。

去勢手術

フクロモモンガはもともと群れで暮らし、社会性やコミュニケーション能力の高い動物です。孤独であることは非常に大きなストレスとなります。

そのため本来なら多頭飼育したいところなのですが、ペアで飼えば繁殖して飼育頭数が増えてしまうなどの問題もあります。

その解決策として、オスに去勢手術を施すというものがあります。メスの避妊手術は難しく、メスの体への負担も大きいですが、オスへの去勢手術は比較的簡単で、また安全性も高いとされています。

去勢手術は、ペア飼育だが繁殖を望まないときだけでなく、オスを単独飼育している場合でも性的フラストレーションを回避するのにいいかもしれません。

去勢手術を望む場合は、獣医師とよく相談してみましょう。

手術の時期は、精巣が陰嚢(いんのう)に降りてきてから行います。

手術後は、患部を気にして自傷行為をしないよう気をつけましょう。手術直後はまだ性衝動がありますし、精管に精子が残っていることがありますから、数日はメスと一緒にしないほうがいいでしょう。

外傷

絞扼

　糸などの繊維が指などに絡まって組織を締めつけることがあります(締めつけることを絞扼といいます)。糸などのほか、髪の毛が絡まることもあります。絞扼の時間が長くなると、血流障害が起こり、絞扼された場所の先端が腫れ、進行すると壊死し、脱落することがあります。できるだけ早く絞扼したものを取り除く必要があります。

　細い繊維などは家庭で取り除くのは難しく、また危険なこともあります。動物病院で処置してもらいましょう。二次感染を防ぐために抗生物質を投与したり、痛みがあるときは鎮痛剤を投与します。壊死している場合は、そこから先を切断するケースもあります。

　患部を気にして自傷行為をする場合、必要があればエリザベスカラーを付けます。

　ポーチはフクロモモンガのとてもよい寝床ですが、ほつれた縫い糸が指に絡まるようなこともありますから、ポーチの点検やフクロモモンガの健康チェック(指先の変化はないか、気にしていないかなど)を行いましょう。

骨折

　部屋で遊ばせているときにうっかり踏んでしまったり、爪を布などに引っかけ、暴れてもがいているときなどに、骨折することがあります。

　骨折した足を引きずっていたり、下につかないようにしています。

　一般に骨折の治療には、その部位や状況によって、ケージレスト(動きを制限することで自然治癒を待つ)、内固定(髄内ピンなどで骨を直接固定する)、外固定(ギプスやバンテージなどで外側から固定する)などの方法があります。

　フクロモモンガの場合、飛膜があったり皮膚がよく伸びるために外側から固定するのが難しいこともあります。エリザベスカラーも必要になります。そのため、2〜3週間程度、ケージレストにして様子を見ることが多いでしょう。

　手術をして髄内ピンで骨をつなげて固定する場合もあります。

　折れた骨が皮膚から出てしまう開放性骨折の場合、断脚が検討されます。

　骨折には、代謝性骨疾患(165ページ参照)によるものもあります。

絞扼による血流障害で指が脱落し骨が露出しています。

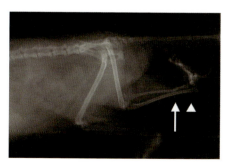

骨折(矢印)と脱臼(矢頭)が確認された右足。

そのほかの外傷

ケンカによるケガ、犬や猫などに噛まれたり、引っかかれたりするケガなどもあります。目を傷つけると角膜炎・角膜潰瘍（172ページ参照）を起こしたり、皮膚の傷から感染して皮下膿瘍（175ページ参照）を起こすこともあります。

フクロモモンガは、げっ歯目の動物と比べると少ないものの、電気コードをかじることがあり、火花でやけどをしたり、電撃傷（いわゆる感電）を受けたりします。

ほかには、切歯で自分の舌を傷つけたり、熱いものを冷まさずに与えたことによるやけど、布類をかじって糸くずが絡まるといった、口の中の外傷もあります。

フクロモモンガの診察や検査

動物病院では一般に以下のような診察が行われます。検査の概要も知っておきましょう。

●問診

飼育状況やこれまでにかかった病気のことなどを聞かれます。診察の前に問診票を記載しそれに沿って質問をされる形が多いでしょう。どんな飼い方をしているとしても、きちんとそのままを伝えることが適切な診察やその後の治療のためになります。

●視診

プラケースに入れて全身の状態を観察するのが一般的です。プラケースに入れたまま体重測定も行います。

●触診

慣れ度合いに応じ、獣医師が保定したり、ポーチに入れたりタオルで包んで触診します。聴診も行われます。

●糞便検査

寄生虫や虫卵が混じっていないかなどを少量の便をとって検査します。

●尿検査

pH値、尿比重の検査や、尿試験紙での尿潜血などの検査、尿に混じる固形成分を調べる検査などがあります。

●血液検査

血液を採取し、赤血球や白血球などの数やさまざまな成分の量を検査します。フクロモモンガの場合、現状ではあまり行われていません。

●レントゲン検査

仰向けかうつ伏せ、横からという2方向から撮影するのが通常です。CT検査もX線を用いた検査です。

●超音波検査

エコー検査ともいいます。音がものに当たると反響する性質を利用し、腹部や胸部の状態を検査します。

共通感染症と予防

Chapter 8
フクロモモンガの
健康と病気

共通感染症とは

　人と動物との間で相互に感染する可能性のある病気を、「人と動物の共通感染症」といいます（人獣共通感染症、人畜共通感染症、動物由来感染症、ズーノーシスという呼び方もあります）。ペットから感染するものとしてよく知られている共通感染症には、狂犬病、オウム病、パスツレラ症、猫ひっかき病などがあります。そのほかにも、寄生虫、原虫、真菌、細菌、ウィルスなどのさまざまな病原体が、動物から人へ、あるいは人から動物へと感染する可能性をもっています。その数は200以上といわれています。

　ペットのフクロモモンガから人へ感染する病原菌としては、ストレプトコッカス菌やサルモネラ菌などが知られています。一般的なエキゾチックペットから感染することが知られているものにはほかに、皮膚糸状菌症などがあります。

　共通感染症は、常識的な飼育管理やけじめのある接し方をしていればむやみに怖がることはありません。フクロモモンガとの暮らしを楽しみ、互いが健康でいられるよう、感染を防ぐ方法について理解しておきましょう。

　なお、体調が悪くなったが原因が思い当たらないときは、診察を受けるときに医師に「動物を飼っている」ことを伝えたほうがいいでしょう。そうしないといつまでも原因がわからず、診断や治療に時間がかかることもあります。よほど重篤な感染症でない限り、動物を手放さずにうまくやっていくことも可能です。かかりつけの獣医師とも相談しながら、いい方法を考えてください。

人と動物の間で、相互に感染する病気のことを、「人と動物の共通感染症」といいます。

感染を防ぐには

フクロモモンガの健康を守る

　衛生的なペットショップやブリーダーから健康な個体を迎え、動物病院で健康診断を受けましょう。2匹目以降を迎えるときは家庭内検疫期間を設け(114ページ参照)、万が一の感染症の広がりを予防します。もしフクロモモンガが病気になったら動物病院で適切な治療を受けます。

　日々の飼育管理によって、衛生的な環境を整えましょう。

生活空間を衛生的に保つ

　ケージの内部や周囲だけでなく、室内の掃除もこまめに行いましょう。フクロモモンガを室内で遊ばせている場合は排泄していることもあります。

　また、空気清浄機を使ったり、フクロモモンガがケージにいるときに窓を開けて空気の入れ替えをしましょう。

感染リスクから身を守る

　いくらフクロモモンガがかわいくても、キスをしたり口移しで食べ物を与えるなどの濃厚なふれあいはしないでください。できるだけ噛まれたり引っかかれたりしないよう、よく慣らしておきましょう。フクロモモンガの世話をしたり遊んだあとは、手をよく洗ってください。

　ケージから出していることが多い場合でも、人の食事中はケージに戻してください。

　また、免疫力が落ちていると感染しやすくなりますから、自分自身の健康管理もしっかりと行いましょう。高齢者、幼児、病人は免疫力が低いので、特に注意しましょう。

動物アレルギー

　動物が人のアレルギーの原因になることがあります。動物の毛やフケ、唾液などが原因です。犬や猫、ウサギ、ハムスターなどを飼っていて発症するケースはよくあります。フクロモモンガが原因となる動物アレルギーはあまり知られていませんが、可能性はあります。

　動物によってはあらかじめアレルギーが出るかどうかの抗体検査が可能ですが、フクロモモンガでは抗体検査ができません。

　なにかにアレルギーをもっている方は発症を防ぐため、手洗いやうがい、室内の衛生などに注意するといいでしょう。フクロモモンガを飼い始めてからクシャミや鼻水、目のかゆみなどのアレルギー症状が見られるようになったときは、アレルギーの専門医で診察を受けてください。

フクロモモンガの応急手当

Chapter 8
フクロモモンガの
健康と病気

爪からの出血・深爪

爪切りするときに血管まで切ったり、爪の先をポーチの縫い目などに引っかけて折り、出血することがあります。清潔なガーゼなどを出血部分に強めに押し当てる「圧迫止血」を行います。ペット用の止血剤（クイックストップなど）も市販されていますが、圧迫止血で血が止まれば問題ありません。細菌感染しないよう衛生的な環境を心がけましょう。

爪の出血箇所を清潔なガーゼなどで圧迫止血します。

熱中症

比較的暑さには強いフクロモモンガでも、あまりにも暑かったり、湿度が高い、風通しの悪い密閉された環境では熱中症になる可能性があります。急いで体温を下げなくてはなりません。涼しい場所に移動させ、水で濡らして絞ったタオルをビニール袋に入れたもので体を包んで冷やします。特に、太い血管が通っている鼠径部や脇の下を冷やすといいでしょう。体温は下がり始めると急速に下降します。低体温になるおそれがあるので、氷水のような冷たすぎる水を使わないでください。イオン飲料を飲ませるのもいいでしょう。ただし誤嚥は避けなくてはならないので、自分から舐めようとするとき以外は口を湿らせる程度にしましょう。

回復した場合でも、点滴治療が必要なこともあるので、念のため動物病院で診察を受けると安心です。

もしぐったりして意識がない場合は、体を冷やしながら動物病院へ行ってください。

熱中症以外の病気でもぐったり横たわっていることはありますが、高温多湿で風通しの悪い部屋で飼っているなら熱中症が疑われます。

水で濡らしたタオルをビニール袋に入れて、体にあてます。

ケガ

　小さな切り傷など出血がわずかなときは、清潔なガーゼで患部を押さえ、圧迫止血してください。傷口が汚れているときは傷口を洗浄（シリンジなどで水をかける程度でOK）してから圧迫止血します。血が止まれば問題ありませんが、患部からの細菌感染を避けるため、環境を衛生的に保ちましょう。また、フクロモモンガはちょっとした傷でも気にして自咬症を起こすことがあるので、よく観察してください。

　傷が大きく、出血が激しい場合は、一刻も早い治療が必要です。傷口を洗浄して圧迫止血し、狭いプラケースに入れて動きを制限し、動物病院へ連れて行ってください。

　ものに強くぶつかったり、うっかり踏んでしまったようなときは、できるかぎり早く動物病院で診察を受ける必要があります。それまでの間は、小さめのプラケースに入れて動きを制限し、薄暗く暖かな環境で安静にさせます。

低体温

　野生下では、天候が悪いときや寒いときに体温を下げて休眠状態になることがあります。飼育下ではリスクがあると考えられるので、低体温状態になるのを避けなくてはなりません。体が冷えているようなときは暖めてください。急に熱いペットヒーターの上に置いたりせず、じんわりと体温が戻るようにしましょう。もともとフクロモモンガの体温は直腸温でも36℃くらいで人とあまり変わりません。人の手が温かいならまず手で包んであげたり、カイロなどで手を温めてから包むなどしたあとで、ポーチに入れてペットヒーターの近くに置くなどして体温を上げるようにします。自分から舐めるなら、イオン飲料や好きな飲み物を温めて、舐めさせてもいいでしょう。

ケージの外にいるフクロモモンガの居場所を把握しておきましょう。

使い捨てカイロなどで温めた手で冷えたフクロモモンガを包みます。

ペニス脱

オスのペニスが出たままになって戻らないことがあります（164ページ参照）。乾くと戻りにくくなり、時間が経つと壊死したり、自咬症のきっかけになることがあります。なかなか戻らないようなら、綿棒に水（できれば生理食塩水）を含ませてペニスを湿らせ、戻るようにしてください。それでも戻らないときは、無理せず動物病院で処置してもらいましょう。

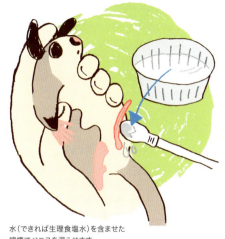

水（できれば生理食塩水）を含ませた綿棒でペニスを湿らせます。

フクロモモンガ用救急セット

いざというときのために、救急セットを用意しておくと安心です。内容の一例をご紹介しましょう。

- 小さなプラケース（安静にさせるときのために）
- タオル（食べ物を与えるときなどに体に巻く）
- 針なしシリンジ（動物病院で入手するほか、フードポンプなどが市販されている）
- 滅菌ガーゼ、脱脂綿、綿棒
- 紙テープ、布テープ
- ウェットティッシュ
- 使い捨て手袋
- ピンセット、とげ抜き、はさみ
  （先端が丸く、小さいもの）
- 使い捨てカイロ、保冷剤
- 常備薬については、かかりつけの獣医師と相談してください。

ケガや病気に備えて用意しておいてね！

フクロモンガの介護と看護

Chapter 8
フクロモンガの
健康と病気

高齢フクロモンガとの暮らし

フクロモンガはいつから高齢?

フクロモンガも、高齢になると、体のさまざまな機能が衰えてきます。こうした変化は生き物ですから仕方のないことですが、どう変わるのかを理解し、受け入れ、よりよい環境を整備して、できるだけ元気に長生きしてもらいましょう。

野生下での寿命は5年くらいと考えられます。野生での厳しい暮らしに対応できなく

老化による体の変化

- 聴覚や嗅覚など五感が衰えます。周りの気配に気づきにくく、急に触ってびっくりさせてしまう、においが感じられにくくなり食欲が衰えるといったことが起こります。
- 運動能力が衰えます。飛び移ったりジャンプしたりできる距離が短くなったり、そのため落下したりすることがあります。
- 内臓機能が衰え、下痢や便秘をしやすい、疲れやすい、といったことがあります。
- 歯が弱くなり、抜ける場合もあります。
- 毛づくろいをする頻度が減るので被毛が絡まったり、汚れたりするようになります。また、被毛の産生能力も衰えてくるので毛並みが悪くなります。
- 免疫力が衰えるので、病気に感染しやすくなったり、治りにくくなります。また、高齢になると発症しやすくなる病気があります(白内障、腫瘍、心臓病、腎臓疾患、歯周病など)

- 骨量が減少するので、骨が弱くなります。
- 筋肉量が減少し、食事量も減ってくるので痩せてきます。肉が落ちて背骨がよくわかるようになり、背中が丸まって見えます。
- 食べる量は変わらないのに運動量が減り、体重が増加する場合があります。
- 恒常性(体温調節、ホルモン分泌、自律神経など)を維持しにくくなり、温度変化についていけなかったり、体調を崩しやすくなります。
- 寝ている時間が多くなります。

※高齢のフクロモンガはまだ多くなく、情報が少ないのが現状です。ここでは小動物に一般に見られる変化について取り上げています。

なってくるのでしょう。飼育の歴史が浅いフクロモモンガでは「○歳になったら高齢である」と明確にいうことは難しいですが、ひとつの目安として5歳を越えたらそろそろ「もう若くはない」と考え、体の変化に注意を払うようにするといいでしょう。なお、個体差があるので、すべてのフクロモモンガが5歳を過ぎると急に老化が進むわけではありません。

高齢フクロモモンガとの暮らしのポイント

◯ 安全な環境作り

運動能力が低下するのにともない、安全な環境を作りましょう。止まり木から止まり木へのジャンプがうまくいかなくなってきたら、落下しても危なくないようにその下にハンモックをつけたり、止まり木の数を増やしたりしてもいいでしょう。

◯ おだやかな暮らし

急激な環境変化や温度変化などの強いストレスを避け、おだやかな環境を作りましょう。高齢になると飼育管理に手間がかかるようになるかもしれませんが、飼い主がおだやかな気持ちで接することもとても大切です。

新しいおもちゃなどがよい刺激になることもありますが、環境変化はくれぐれもフクロモモンガの様子を見ながらにしてください。

◯ 食べやすい食事メニュー

若いときと同じ食生活でも、しっかり食べることができていて、体重の変化もないならメニューを大きく変える必要はありません。しかし、食が細くなってくるなどの変化があったら食事内容を見直しましょう。食べやすく、消化のいいもの、嗜好性の高いものを与えるといいでしょう。新しい食材を与えるときは様子を見ながら少しずつ食べさせるようにしてください。

◯ 健康管理

体調の変化を見逃さないよう、健康状態をよく観察しましょう。病気になったとしても、高齢だからと諦めずに動物病院で診察を受けるといいでしょう。積極的な治療を受けるか、痛みをとるなどの最低限の治療をしながら日々の生活の質を高めるかなどの選択肢があるので、獣医師とよく相談してみましょう。

◯ 仲間との別れ

高齢になり、同居しているペアや仲間のうち片方が先に死んでしまうと、社会性の高いフクロモモンガはさみしい思いをするだろうと想像できます。飼い主がよく声をかけてあげたり、その個体の体力に応じて遊んであげるなどしてあげましょう。

◯ 対策はタイミングを見計らって

安全対策は高齢フクロモモンガにとって大切なことです。その一方では、体を十分に使うことによって筋肉量の減少を防げる、食欲増進につながる、また、活気のある暮らしができるといったメリットもあります。あまりにも先回りしすぎるのもよくありません。フクロモモンガの毎日の暮らしぶりをよく観察しながら、早すぎず遅すぎずというタイミングで対策をとれるといいでしょう。

フクロモモンガの看護

フクロモモンガが病気になったときには、家庭での看護が必要なこともあります。回復を手助けできる飼育管理を行いましょう。心配なことがあればかかりつけの獣医師に質問したり相談することも大切です。

安静に過ごせる環境作り

- 寒すぎたり暑すぎたりすると体力を消耗します。快適な温度を維持しましょう。

- 体が動かしにくいフクロモモンガにペットヒーターを使う場合、熱くてもそこから移動しにくいことが考えられます。熱くなりすぎないようにしたり、低温やけどに注意してください。

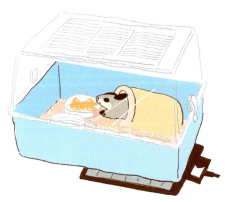

ペットヒーターを寝床に設置する場合、全面を覆わないようにしましょう。

- 安静が一番です。騒がしくない環境で静かに休ませてあげてください。場合によっては昼間でもケージの一部に布などをかけて薄暗くしてあげてもいいでしょう。

- よく慣れている場合には、不安を取り除くために声をかけたり体をなでてあげてもいいでしょう。慣れていない個体はあまりかまいすぎないようにします。

- 麻痺がある場合は、高さのあるケージではなくプラケースで飼うほうが適しています。骨折しているときは、治るまでプラケースで運動を制限しながら飼うといいでしょう。
  排泄物の掃除をこまめにして体が汚れないようにします。
  食事をしたり水が飲めているかチェックしてください。
  痛みや違和感のある場所をかじって自咬症を起こすことがあるので注意深く観察しましょう。

- 寝床は衛生的に保ちましょう。外傷がある場合は細菌感染を防ぐ必要があります。また、尿漏れや下痢をしていると寝床が汚れやすくなります。

- 感染性の病気の場合、多頭飼育しているなら病気の個体を隔離して看護します。また、飼育グッズの共有も避けてください。世話は、健康な個体を先に行います。

- 多頭飼育していて相性がいい場合、分けることがストレスになる場合もあります。感染症ではなく、また重症でないなら、分けずに一緒にしておくのも選択肢のひとつです。ただし、同居が病気治療の妨げになっていないかをよく観察してください。

食事の与え方

- しっかり食べて体力を維持することは回復の助けとなります。好物を中心に、よく食べてくれるものを食べやすい形状にして与えましょう。ただし、獣医師から与えてはいけない食べ物を指導されている場合はそれに従ってください。

- あまり積極的に自分から食事をしてくれないときは、飼い主が手助けをしましょう。食べ物を流動食にしてシリンジで与える方法とスプーンで与える方法があります。フクロモモンガは液体状のものを舐めて食べるほうが自然なので、食べてくれるならスプーンで与えます。食べてくれないときはシリンジを使い、少量ずつ口の中に入れます。無理すると誤嚥して非常に危険なので、無理のないようにしてください。

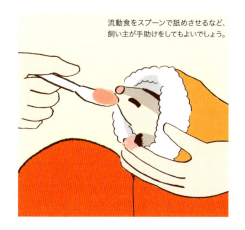

流動食をスプーンで舐めさせるなど、飼い主が手助けをしてもよいでしょう。

- 食欲が落ちているときは、少量でも高カロリーな食事で、体力の回復を助けましょう。流動食を作るさいに高カロリー栄養食を添加するのもいいでしょう。ニュートリカル（犬用の高カロリーサプリメント）、チューブダイエット（犬猫用の経腸流動食）、アイソカルプラス（高齢者向けの流動食）などがあります。

- エリザベスカラーをつけているときは、きちんと食事ができているか、水が飲めているか確認しましょう。必要に応じて、食事に手を貸してください。

薬の与え方

- 粉末の飲み薬は、好物に混ぜると与えやすいでしょう。錠剤で処方されたときはピルクラッシャーなどで粉末にすることができます。薬剤の種類や病気によっては与えないほうがいい食べ物もあるので、動物病院で相談してみてください。

- 塗り薬や点眼薬は、保定して、あるいは、食べるのに時間がかかる好物を与え、食べているあいだに塗るといいでしょう。

- 動物病院で処方された薬は、指導された通りの量や回数、確実に与えるようにしてください。どうしてもうまく与えられないときは動物病院に相談しましょう。薬には副作用がある場合も少なくありません。薬を飲ませているフクロモモンガの様子がおかしいと思ったら必ず動物病院に伝えてください。

- 早く治したいからとたくさん与えたり、病気が治ったと判断して飲ませるのをやめたり、以前に処方された薬を診察を受けずに与えたりするのはやめてください。

SG COLUMN 【お別れのとき】

フクロモモンガとのお別れ

愛するフクロモモンガとも、いつかお別れの日がやってきます。生き物である以上、命に限りがあるのはしかたのないこと。とても悲しいことですが、出会えたことや楽しかった日々に感謝しながら、「ありがとう」と見送ってください。

●お別れの方法

フクロモモンガの埋葬は、自分が納得のいく方法で行ってください。自宅の庭に埋葬できるならそれもいいでしょう（公共の場所や他人の私有地に埋葬するのは違法です）。フクロモモンガのような小さな動物も丁寧に扱っていただけるペット霊園も増えてきました。自治体のサービスを利用する方法もあります。心をこめてお別れができる方法を選びましょう。

●悲しみの感情は押し込めないで

大切なペットを失ったときの喪失感をペットロスといいます。これは程度の差はあれ、ペットをなくせば誰しも経験するものです。なおのことフクロモモンガは飼い主と強い絆を作る動物ですから悲しみはひとしおでしょう。こうした感情はおかしなことではありません。感情を押し込めてしまわず、泣きたいだけ泣いてください。いつか時間が経てば、笑顔でフクロモモンガとの日々を懐かしむことができるでしょう。

●未来のフクロモモンガたちのためにできること

病気の治療中だったら、かかりつけの獣医師に報告してください。その報告が、フクロモモンガの知見をひとつ増やすことになり、いつか別のフクロモモンガの命を救うこともあるかもしれません。

また、フクロモモンガから教わったこと、飼育管理の成功や失敗、闘病の体験などを次に続く飼い主へと伝えてほしいとも思います。そうすることで、あなたの愛するフクロモモンガが残してくれたことはずっと生き続けてくれるのです。

参考文献

- 秋田咲樹子・秋田征豪（2014）「自咬症のフクロモモンガに対して行った去勢手術および向精神薬物療法の1例」『エキゾチック診療』6(2) インターズー
- 飯塚春奈・三輪恭嗣（2016）「フクロモモンガの皮膚疾患」『エキゾチック診療』8(4) インターズー
- 今泉吉典 監修、D.W. マクドナルド 編（1986）『動物大百科6 有袋類ほか』平凡社
- 遠藤秀紀（2018）『有袋類学』東京大学出版会
- 香川綾（1996）『四訂食品成分表1996』女子栄養大学出版部
- 香川芳子（2016）『七訂食品成分表2016』女子栄養大学出版部
- 川道武男、小野勇一 編集（1992）『週刊朝日百科 動物たちの地球38 哺乳類I②カンガルー、コアラほか』朝日新聞社
- クリス・ポライト、サンドラ・ポライト（1988）「フクロモモンガ」『アニマ』187. 平凡社
- 木佐貫敬（2018）『動物病院が発信する フクロモモンガの飼い方：―飼う前に、そして飼い始めてから―』Kindle版
- 高見義紀（2017）「フクロモモンガの生殖器の摘出術」『エキゾチック診療』9(4) インターズー
- 高見義紀（2016）「小型哺乳類の骨折の整復：ハムスター，モルモット，フクロモモンガ」『エキゾチック診療』8(1) インターズー
- 霍野晋吉（2012）『カラーアトラス エキゾチックアニマル 哺乳類編』緑書房
- ティム・レイマン（2000）「滑空する動物たち」『ナショナルジオグラフィック』6(10). 日経ナショナル ジオグラフィック
- 中田真琴・三輪恭嗣（2015）「小型哺乳類（モルモット，チンチラ，フクロモモンガ，ハリネズミ）の下痢」『エキゾチック診療』7(2) インターズー
- 橋崎文隆、深瀬徹、山口剛士、和田新平 訳（2005）『エキゾチックペットマニュアル 第四版』学窓社
- 三輪恭嗣 監修、大野瑞絵（2010）『ザ・モモンガ』誠文堂新光社
- 三輪恭嗣（2017）『エキゾチック臨床 Vol.17 ハリネズミとフクロモモンガの診療』学窓社
- 三輪恭嗣（2017）「フクロモモンガの3大疾患 その1 自咬傷」『エキゾチック診療』9(1) インターズー
- Caroline Wightman（2008）『Sugar Gliders: everything about purchase, care, nutrition, behavior, and breeding』Barrons Educational Series Inc.
- David Lindenmayer（2003）『Gliders of Australia: A Natural History (Australian Natural History Series)』Univ of New South Wale
- Devra G. Kleiman、Valerius Geist・Melissa C. McDade 編（2003）『Grzimek's animal life encyclopedia, 2nd ed, Volume 13』Gale Group
- Ellen S. Dierenfeld, "Feeding Behavior and Nutrition of the Sugar Glider (Petaurus breviceps)", 〈http://www.glidernursery.com/uploads/1/9/0/6/19062649/sugar_glider_feeding_dierenfeld2009_vap3111.pdf〉 ［2018年10月24日アクセス］
- International Union for Conservation of Nature and Natural Resources "The IUCN Red List of Threatened Species", 〈http://www.iucnredlist.org/〉 ［2018年10月15日アクセス］

参考文献

- Joni B. Bernard・Mary E. Allen, "FEEDING CAPTIVE INSECTIVOROUS ANIMALS:NUTRITIONAL ASPECTS OF INSECTS AS FOOD", 〈https://nagonline.net/wp-content/uploads/2014/01/NAG-FS003-97-Insects-JONI-FEB-24-2002-MODIFIED.pdf〉, [2018年10月20日アクセス]
- Katherine Quesenberry、James W. Carpenter (2003) 『Ferrets, Rabbits and Rodents: Clinical Medicine and Surgery Includes Sugar Gliders and Hedgehogs (2nd edition)』Saunders
- Kortner G.・Geiser F., (2000) 「Torpor and activity patterns in free-ranging sugar gliders Petaurus breviceps (Marsupialia)」, 『Oecologia』123 (3), Springer
- Peggy Brewer (2007) 『Sugar Gliders: Living With and Caring for Sugar Gliders (Is This the Right Pet for You?)』Authorhouse.
- Rick Axelson, "Sugar Gliders - Feeding", 〈https://vcahospitals.com/know-your-pet/sugar-gliders-feeding〉 [2018年10月29日アクセス]
- Suz' Sugar Gliders, "Hand Raising A Joey", 〈http://www.suzsugargliders.com/handraisingajoey.htm〉 [2018年11月10日アクセス]
- University of Michigan "Animal Diversity Web", 〈http://animaldiversity.ummz.umich.edu/site/index.html〉 [2018年10月15日アクセス]

写真提供・撮影・取材ご協力者

(敬称略・順不同)

写真ご提供・取材ご協力

発刊にあたり、アンケートへのご協力、写真ご提供、情報ご提供をしていただきました。心より感謝申し上げます。

- ぺたろー&テト
- じつ&英史、柒
- クオン&楓ちゃん、海ちゃん、仁くん、凛ちゃん
- なっちぃ&マイリー、たら、こはく
- やこ&はち
- ひとみ&モモたん、マロ
- 田代浩明(クリミノ愛好家)&ラテ、ショコラ
- poohkotao&ぐら
- cheb&とび丸、ぴあの、殿
- まひろ&コンラート
- 出口喜久代&モモ太、ココ
- みかちぃ&桃太郎
- のぶにぃ〜&ライチ、奏、雅、モモタ
- 森田存&もも
- sakura.2310.n&くぅ、ひめ、りりぃ
- くろごまちー&のぞみちゃん、ひかりちゃん
- 亜季&モモ
- ちゅんちゅん&ちょこ、漣、環、しふぉん、にーな、りーさ、響、こじろう、まなぶー
- 布団(ぬのだん)&ロイ、デミ、メル、ルン、ポム、パム、ムツ、ムイ、トノ、ウル
- ゆか&モコ
- buiyon&ちゃお、はこ、うえる、あずき、つなぐ、あくび、かむ
- えりーぜ&しらす
- ちこ&テラ
- Eryndil&さくら、イオ、おもち、モモ、宙
- マフラー&つくね
- 岡本泰子&樹海
- 仲谷浩美&なっちゃん

写真ご提供・ご協力

- 埼玉県こども動物自然公園
- 五月山動物園
- 上野動物園
- 一般社団法人全国ペット協会
- 株式会社三晃商会
- ペットショップ ピュア☆アニマル
- ジェックス株式会社
- 株式会社みどり商会
- 株式会社スドー
- 有限会社ジクラ
- 株式会社富士通ゼネラル
- 株式会社FLF
- 横浜小鳥の病院併設ショップ Birds' Grooming Shop
- ロイヤルチンチラ

撮影ご協力

- 野沢宏美
- 大山紗也華
- 仲谷浩美

症例写真ご提供

- 三輪恭嗣(みわエキゾチック動物病院院長)

撮影・制作ご協力 (飼育グッズ・生体など)

- ペットショップ ピュア☆アニマル
  http://pure-animal.com

著者
■ **大野 瑞絵** おおの・みずえ

東京生まれ。動物ライター。「動物をちゃんと飼う、ちゃんと飼えば動物は幸せ。動物が幸せになってはじめて飼い主さんも幸せ」をモットーに活動中。著書に『デグー完全飼育』『ハリネズミ完全飼育』『新版よくわかるウサギの健康と病気』(以上小社刊)、『調べる学習百科 くらべてわかる！イヌとネコ』(岩崎書店刊)など多数。動物関連雑誌にも執筆。1級愛玩動物飼養管理士、ヒトと動物の関係学会会員。

監修
■ **三輪 恭嗣** みわ・やすつぐ

みわエキゾチック動物病院院長。宮崎大学獣医学科卒業後、東京大学附属動物医療センター(VMC)にて獣医外科医として研修。研修後アメリカ、ウィスコンシン大学とマイアミの専門病院でエキゾチック動物の獣医療を学ぶ。帰国後、VMCでエキゾチック動物診療の責任者となる一方、2006年にみわエキゾチック動物病院開業。

写真
■ **井川 俊彦** いがわ・としひこ

東京生まれ。東京写真専門学校報道写真科卒業後、フリーカメラマンとなる。1級愛玩動物飼養管理士。犬や猫、うさぎ、ハムスター、小鳥などのコンパニオン・アニマルを撮り始めて25年以上。『新・うさぎの品種大図鑑』『デグー完全飼育』『ハリネズミ完全飼育』(以上小社刊)、『図鑑NEO どうぶつ・ペットシール』(小学館刊)など多数。

■ デザイン
Imperfect (竹口 太朗／平田 美咲)

■ イラスト
sayocoro

■ 編集
前迫 明子

PERFECT PET OWNER'S GUIDES
飼育管理の基本、生態、接し方、病気がよくわかる
フクロモモンガ完全飼育

2019年1月20日 発行
2023年3月8日 第4刷

NDC489

著者	大野 瑞絵
発行者	小川 雄一
発行所	株式会社 誠文堂新光社
	〒113-0033 東京都文京区本郷3-3-11
	電話 03-5800-5780
	https://www.seibundo-shinkosha.net/
印刷・製本	図書印刷 株式会社

©Mizue Ohno, Toshihiko Igawa. 2019　Printed in Japan

本書掲載記事の無断転用を禁じます。

落丁本・乱丁本の場合はお取り替えいたします。

本書の内容に関するお問い合わせは、小社ホームページのお問い合わせフォームをご利用いただくか、上記までお電話ください。

JCOPY 〈(一社)出版者著作権管理機構 委託出版物〉
本書を無断で複製複写(コピー)することは、著作権法上での例外を除き、禁じられています。本書をコピーされる場合は、そのつど事前に、(一社)出版者著作権管理機構(電話 03-5244-5088／FAX 03-5244-5089／e-mail:info@jcopy.or.jp)の許諾を得てください。

ISBN978-4-416-51942-4